影响力是一种超能力

影响力

INFLUENCE IS YOUR

原则

SUPERPOWER

［美］佐伊·钱斯（Zoe Chance）_著　黄邦福 郭舫_译

台海出版社

北京市版权局著作权合同登记号：图字 01-2023-1370

Influence Is Your Superpower: The Science of Winning Hearts, Sparking Change, and Making Good Things Happen by Zoe Chance

Copyright © 2022 by Zoe Chance

This translation published by arrangement with Random House, a division of Penguin Random House, LLC. through Barron-Chinese Media Agency.

Simplified Chinese translation copyright © 2024 by Beijing Xiron Culture Group Co.,Ltd.

All Rights Reserved.

图书在版编目（CIP）数据

影响力原则 / (美)佐伊·钱斯著；黄邦福，郭舫译 . —— 北京：台海出版社，2023.11

书名原文：INFLUENCE IS YOUR SUPERPOWER

ISBN 978-7-5168-3639-2

Ⅰ.①影… Ⅱ.①佐… ②黄… ③郭… Ⅲ.①应用心理学 Ⅳ.① B849

中国国家版本馆 CIP 数据核字（2023）第 168342 号

影响力原则

著　　者：［美］佐伊·钱斯（Zoe Chance）　　译　者：黄邦福　郭　舫

责任编辑：曹任云

出版发行：台海出版社

地　　址：北京市东城区景山东街 20 号　　　　邮政编码：100009

电　　话：010-64041652（发行，邮购）

传　　真：010-84045799（总编室）

网　　址：www. taimeng. org. cn / thcbs / default. htm

E－mail：thcbs@126. com

经　　销：全国各地新华书店

印　　刷：嘉业印刷（天津）有限公司

本书如有破损、缺页、装订错误，请与本社联系调换

开　　本：700 毫米 × 980 毫米　　　1/16

字　　数：210 千字　　　　　　　　　印　张：16.75

版　　次：2023 年 11 月第 1 版　　　　印　次：2024 年 7 月第 1 次印刷

书　　号：ISBN 978-7-5168-3639-2

定　　价：68.00 元

献给卡伦·钱斯，

你教会我让梦想成真的魔法。

你天生就有影响力!

推荐语

本书别具一格。它有吸引人的、真正重要的话题，有引人入胜的故事和设计，是关于提升社交影响力的、摆盘精美的自助大餐，是有科学根据的生活必修课。最后，我最大的期望是本书的篇幅能更长。

——罗伯特·西奥迪尼（Robert Cialdini），畅销书作家，著有《影响力》（*Influence: The Psychology of Persuasion*）

《影响力原则》中饶有趣味、充满精彩的故事根植于开创性的研究成果，阐释了创造更美好世界的说服力法则。

——查尔斯·杜希格（Charles Duhigg），畅销书作家，著有《习惯的力量》（*The Power of Habit*）和《高效的秘密》（*Smarter Faster Better*）

这是一部引人入胜的佳作，带你了解鼓励他人对你说"是"的科学。佐伊·钱斯的研究不但会拓展你的说服技能，还会让你不再害怕被拒绝。

——亚当·格兰特（Adam Grant），《纽约时报》畅销书作家，著有《重新思考》(*Think Again*)

完美教师，必修课程。

——拉兹洛·博克（Laszlo Bock），硅谷初创公司 Humu 联合创始人、CEO

本书让人爱不释手。一旦学会书中的影响力技能，你就要为你关心的人去做重要的工作，去把事情做得更好。

——赛斯·高汀（Seth Godin），作家，著有《部落》(*Tribes*)

《影响力原则》富有真知灼见，几乎在每一页都能找到实用的建议。这部睿智、易懂的著作，肯定会让你成为更好的说服者，甚至会让你成为更好的人。

——丹尼尔·平克（Daniel Pink），《纽约时报》畅销书作家，著有《时机管理》(*When*)、《驱动力》(*Drive*)、《销售是天性》(*To Sell is Human*)

谦逊地领导他人的秘诀，就藏于这部睿智的、生动有趣的著作中。

——艾德·卡特姆（Ed Catmull），皮克斯动画公司联合创始人、《创新公司》（*Creativity, Inc.*）作者

本书拥有前沿的科研成果、引人入胜的故事，让你迫不及待地想把它推荐给朋友。钱斯给了我们一座真正的宝藏：每天做些小小的（往往令人意想不到的）改变，人人都能成为更高效、更有影响力的人。我将采用书中的各种新技能，用于工作，用于亲友交流，用于更多的场合。

——劳丽·桑托斯（Laurie Santos），耶鲁大学心理学教授、"幸福实验室"播客主持人

作者简介

佐伊·钱斯（Zoe Chance）

美国影响力专家、耶鲁大学教授。热衷于教授、研究和谈论影响力心理学，因为这是人们获得幸福和成功的秘诀。

她的"影响力与说服力"课程，是耶鲁大学管理学院最受欢迎的选修课之一。她的研究成果发表在顶级期刊上，并被《纽约时报》、英国广播公司（BBC）和《经济学人》等国际媒体报道。

她曾为《美国国家科学院院刊》（*Proceedings of the National Academy of Sciences of the United States of America*）和《哈佛商业评论》（*Harvard Business Review*）等刊物撰稿，还在世界各地的舞台、电视和媒体上露面。她在 TEDx 的演讲《如何让行为上瘾》备受欢迎。

在任职于耶鲁大学之前，她获得了哈佛大学的市场营销博士学位，从事过上门营销和电话营销等工作，并在美泰公司（总部位于美国加州，是目前全球最大的玩具公司）管理过一个价值两亿美元的品牌——芭比娃娃。

她将把从这本书中获得的一半收入捐献出去，用于应对气候危机的相关研究。

第 **1** 章

没有人会拒绝你，
只要你的影响力足够大

很久以前，在历史上一个喜庆的日子，你降生了——这是一个有影响力的事件。事实上，影响力是你赖以生存的唯一手段。你没有锋利的牙齿和爪子可以保护自己；你无处逃遁，也没有保护色可以伪装自己；你似乎也不那么聪明。但你生下来就能表达自己的渴望，就能与人交流，并且能说服他人照顾你，而且是没日没夜地照顾你好多年。

学会说话后，你能够更准确地表达自己，借助语言，你变得更有影响力。你告诉人们你想要什么、不想要什么，学会了说"不"。你很快就明白了生活是可以谈判的，你开始请求晚点儿睡觉，再看会儿电视，吃最喜欢的饭菜。

你仿佛就是摩洛哥集市里经营地毯的小商人。如同呼吸，影响力也是自动运行的。你的身体日渐强壮，但你最强大的影响力，是说服人们按照你的想法行事。

人际影响力是我们人类的一大优势，通过基因代代相传。正是依靠影响力，我们人类这个物种才得以团结、协作，遍布整个地球。在日益数字化的当今世界，只要人类还是主宰，影响力就依然是我们的一大优势。影响力给了你现有的成功，也是你实现未来梦想的路径。影响力是你此生分享的爱，也是你死后留下的遗产。

不过，事情没这么简单，对吧？即使你知道这些都是真的，随着年龄的增长，影响力也会变得更加复杂。

你的影响力范围不断扩大，同时，你被教导要顺从、听话，要服从规范、规则，要服从父母和老师。人们不鼓励你"霸道"、要求太多。你被教导要努力工作才配有收获，要排队等候，不要捣蛋，不要占据太多空间。吹捧他人没问题，但吹捧自己就是自负。你曾经喜欢的影响力，如今不再感觉那么自然，你开始对影响力感到五味杂陈。

被人问及是否想拥有更大的影响力，人们都会说"是的"——因为影响就是力量。拥有影响力，我们就能够创造变革，掌控资源，打动人心，改变他人的想法。影响力就像是地心引力，拉近大家的人际关系。影响力是通往幸福的道路，也是获得有意义的、持续的、有感染力的成功的途径。

然而，提及影响力战略和影响力战术，人们对此的描述却是"操控""卑鄙"和"胁迫"。[1]卑劣、贪婪的人采用卑劣、贪婪的战术销售二手车，在社交媒体上为赞助商推销产品，诱使我们"赶快购买"却延迟交付，这些人已经败坏了我们对"影响力"的整个看法！就连罗伯特·西奥迪尼、克里斯·沃斯等我最喜欢的一些影响力大师也鼓励我们采用"影响力武器"去"打败对手"。[2]营销人员（我是其中之一）像骗子或情场老手那样将客户称为"目标"。学术研究者（我也是其中之一）把研究参与者称为"对象"，把实验称为"操作"。交易性的影响力将人当成物品。

这些战术或许是销售和营销的标准做法，但在大多数日常情景中根本不管用。它们不会作用于你的老板、同事、员工、朋友或家人。要想建立关系、维持关系，你不能采用卖车的那套战术。即便是商业成功，最终也是取决于各种长期关系，包括客户推荐、口碑、客户忠诚度和员工保留率。你不但希望人们今天愉快地赞同你，还希望他们今后也愉快地赞同你。

成为有影响力的人，你将获得丰厚的回报。金钱可能不是你最看重的回报，但金钱可以帮助你实现别的事情，也是衡量影响力的基准。强调人际影响力的那些工作，报酬都比较丰厚，这并非巧合。顶级销售员获得的报酬高过CEO；政治说客赚取的金钱，超过他们所游说的政客。提升影响力，还会带来其他的有形红利——医生沟通能力越强，不管病人治疗效果如何，他们因为医疗事故而被起诉的可能性越低；接受过沟通培训的公司高管，员工对他们的评价会更高。

放弃交易性的、"我赢你输"式的影响力，转向你将在本书中发现的这种注重人际关系的、双赢的影响力，你还能收获无形的回报，比如成为更好的朋友、更值得信赖的顾问、关系更亲密的父母和伴侣。我们能重新点燃童年时期的火花，那些火花曾让我们追梦、询问、主张、谈判、执着而不会自我怀疑。分享伟大的想法或提出可能行得通的疯狂的想法，我们会看见彼此的脸上绽放光芒，我们会为达成曾经尴尬的"协议"而握手言和，我们会享受成功带来的愉悦和自由。当曾经反对我们的老板、员工、子女、父母、伙伴或朋友笑着说"行，去做吧"，我们会长舒一口气。

或许，你觉得自己已经拥有影响力，比如说能影响到你的客户。然而，即使我们能够轻松地影响某些领域里的人，也会对其他人感到无能为力。

和我共事过的人，有不敢叫未成年女儿打扫房间的 CEO，有招呼忙碌的酒保也会感到难堪的华尔街交易员，有"打电话募款"也会感到难为情而不得不改变职业的政治新星，还有甘愿为他人争取权利而坐牢、为自己争取权利却如鲠在喉的著名活动家。

我发现，善良的人特别不情愿影响他人，因为他们不想操控任何人。聪明的人更容易误解影响力的作用方式。因此，如果你既善良又聪明，那你无法拥有影响力的可能性就会成倍增加。

然而，随着你转换视角、实践某些新工具，你将发现这些障碍都会逐渐消失。

我们来看看下面这十大错误观念：

1. 执意强求等于影响力。

事实上，恰恰相反。要有影响力，就需要能被影响。让人们自由地说"不"，才会让他们更容易说"是"。

2. 人们只要了解事实，就会做出正确的决定。

大脑的运行方式并非如我们所想，因此，事实的说服力远低于我们的预期。我们将探讨决策的真实方式，你将学到更有效的、鼓励人们做出正确选择的方法。

3. 人们行事是基于其价值观和有意识的决定。

我们都希望基于自己的价值观和有意识的决定而行事，但我们的意图与行为之间存在着鸿沟。改变某人的想法，并不一定意味着要改变他的行为（这是我们的目标）。

4. 要成为有影响力的人，就需要说服怀疑者，让抗拒者屈服于你的意志。

不是的。你的伟大想法能否成功，取决于是否拥有热情的同盟者。努力找到、赋能和激励这些人，要比消除人们的抗拒走得更远。

5. 谈判是一场战争。

你可能认为谈判都会充满对抗，但大多数人都不想被愚弄。谈判者经验越丰富，就越可能达成合作——因而谈判就越会成功。

6. 要求越多，越招人讨厌。

人们对你的看法，更多地取决于你如何要求，而不是你有多少要求。双方（包括你）都对事情的进展感到满意，就更可能把这件事情坚持到底。

7. 最有影响力的人可以让任何人做任何事。

这当然是好事，但对你和他人来说，这并非影响力的作用方式。

8. 你善于判断他人的品格，老远就能识破骗子。

事实上，我们每个人都善于识破谎言。不过，我要告诉你的是一些要小心提防的示警"红旗"，保护自己和他人远离那些想用影响力伤害你的人。

9. 人们不会倾听同类人的声音。

有个声音或许在告诉你：要吸引他人的注意力，你就必须更外向、更年长、更年轻、更有魅力、教育程度更高、更有经验，必须与他人种族相同或母语相同。在本书中，你将学会如何说话，让他人倾听——以及如何倾听，让他人说话。

10. 你不配拥有权力、金钱、爱——或者你内心想要的任何东西。

我不想说服你认为自己值得拥有影响力，我甚至不知道这是什么意思。我只知道，影响力不属于那些值得拥有的人，而属于那些理解并实践影响力的人。很快，影响力也将属于你。

影响力可以通过练习而获得

不擅长某个东西——必须去学习、实践，并且要勤奋——也许不是天生的，不过，技能提升后，你就会清楚自己是如何提升它的。因此，你就能重复这个技能，甚至还可以把它传授给他人。这一点，我有亲身经历。

童年和青少年时期，我并没有不可抗拒的魅力。我在一个贫困的波希米亚家庭长大，我家的公寓只有一间卧室，由我和我的姐姐同住，而我们的母亲只能睡沙发。母亲是一位艺术家，是我所知道的最有想象力、最有趣的人。没钱吃冰激凌？我们就去自行车道上寻找上天留给我们的硬币。母亲担任夏令营指导员时，她蒙上我们的眼睛，然后把我们扔进深山密林，让我们凭借指南针和地形图自己"导航"回去。我或者姐姐哪天心情不好，妈妈就会旷工在家和我们一起做艺术项目：用食物做"占卜机"，用铁丝和纸片做仿真恐龙。妈妈会带我们去她朋友的朋克乐队演出的酒吧，还会带我们参加玩占卜板的聚会。

家是充满冒险的场所，我在学校却很孤独。我说话时，没人会倾听。一向如此。我能想到的唯一解释，是我的嗓音肯定和环境声音有着相同的频率。对我来说，交到朋友很难。

我的影响力之旅，始于戏剧舞台。我意识到，在舞台上，人们就不得不听我说话，于是，我参加了《阿拉丁》试戏，因为这部戏剧承诺人人都有台词。我饰演的是满脸胡须、头戴圆帽的 3 号鞋匠。我的台词是："卖鞋啦！"我不够耀眼，但我一直坚持不懈。多年后，我的表演生涯如开始那样尴尬地结束了，我在一部不知名的空手道电影中饰演了一个非常无聊的角色，我的父母都看睡着了。但多年的表演训练和实践赋予了我个人魅力，也让我学会了如何与人打交道。

我把表演技巧用于销售工作，这种工作没多大意思。我敲开人家的门，打断他们用餐，然后推荐他们订阅《高尔夫文摘》。不过，我学会了如何请求和如何接纳人们说"不"，我学会了如何应对人们的抗拒，而不是一走了之。大学毕业后，我从南加州大学获得了工商管理硕士学位（MBA），然后进入销售界，最初是销售医疗器械，然后又销售玩具。我学会了如何进行交易谈判，如何做市场调研。我学会了如何影响孩子——如果你有孩子，你就知道这需要很高超的技巧。我负责管理"芭比娃娃"品牌的一个销售额高达 2 亿美元的部门，经常公费出差，虽然有很多的乐趣，但也累得精疲力竭。

我的工作是影响客户，但我有一半的时间都在想办法说服人们做出明智的决策。有几个月，我在做一个玩具产品线，为了把它推向市场，我做了大量的分析研究。结果，董事长拉着长脸，告诉我们要重新做，因为他对这个产品有不好的直觉。身为大公司的管理者，怎么能做出如此随意的决策？他们怎么会那么轻易就否决我的努力？说真的，怎么会？

我采取的办法，是书呆子想弄懂某个问题就会采取的做法——攻读博士。先是麻省理工学院，然后是哈佛大学。我和一些领域里最有创造性的行为科学家合作，研究人们如何真正做决策，以及真正影响他们行为的是什么。我的研究项目包括如何说服人们健康饮食、还清信用卡、参与志愿者工作和慈善捐款。我还研究了人的心理阴暗面：人们为何会相互撒谎，以及对自己撒谎。谷歌公司将我的行为经济学框架用作其饮食指导原则的基础，帮助全球数万名员工做出更健康的饮食选择。我对行为经济学感兴趣，是因为它具有内在的道德哲学：要说服人们影响自己的行为，就要把他们当人对待，尊重他们的选择自由。

我入职耶鲁大学管理学院，教授 MBA 课程（现在仍在此任教），我融合了我所了解的有关影响力科学与实践的所有内容：行为经济学、个人魅力、谈判学，如何应对抗拒，如何应对拒绝，等等。人们非常渴望提升这些能力，开课第一天教室就挤满了人，很快，"影响力与说服力"就成为商学院最受欢迎的一门课程，选修学生来自耶鲁大学的各个学院。十年来，我不断检验新理念，发现新科学，从我的学生反思其成功与失败的期刊中学习，向参加我在全球各地举行的研讨课的公司高管们学习。因此，我的这个课程也在不断"进化"，它点燃了本书的理念火花。

这些年来，我的学生们教会我：掌握本书的内容，你就有机会改变自己的生活——小变或巨变。不管是为自己和他人谈判更好的交易条件、为所有相关的人争取意想不到的利益和机会，还是为你的家人、社区甚至是整个世界创造有意义的改变，影响力都是你的超能力。

　　我不会告诉你有关影响力的一切（这是不可能的），我将重点讨论容易摘到的果实——那些具有巨大作用的令人惊奇的洞见、细小的变化以及容易管理的行为。如同学习第二门或第三门外语，实践之初你可能会感觉有些笨拙。刚开始的时候，你需要有意识地做出努力，无须顾虑是否得体。但最终这门新语言会变成你的习惯，根植于你的潜意识。随着你影响他人的技巧逐步提升，你就会创造出自己的战略，最终就能不假思索地调用它们。要做到这一点，你需要牢固掌握影响力心理学，因此，我将和你们分享社会心理学、行为经济学、法律学、公共卫生学、营销学和神经科学领域里的重要研究结果，用于解释真正的决策方式以及驱动行为的真正的无形力量。

　　我给你的工具，有"魔法问题""温驯的雷龙"之类的好玩的名字，它们启发过需要职场转型的人，拯救过深陷于性交易的女性，改变过历史的进程。我将告诉你如何在舞台上"照射"观众，如何自如地谈判加薪或升职，如何及时识破那些想影响你的骗子和操控者。我将教会你如何应对小孩子脾气，带你认识一些杰出的商界领袖、活动家和学生——哦，对了，还有鲨鱼、跳伞运动员、骗子、詹妮弗·劳伦斯、穿着猩猩装的读心者以及拯救过世界的那个人。在此过程中，你将读到时间错位、"奥运五环"甜甜圈、隐形墨水。

　　在本书不同的章节，我们将深入探讨有关个人魅力、抗拒、谈判等影响力话题的战略、科学和故事。

　　而在每一章之后，我们将聚焦探讨某个单一的理念。如果读到不感兴趣的内容，你可以直接跳过。

阅读本书，你将丰富自己有关影响力的知识，不过，我们真正追求的是智慧。知识丰富的人可以获得小成功，睿智的人可以从自己的经历和所学中获取实用的洞见。他们会以开阔的心胸和健康的质疑态度去倾听，他们会问："我如何改进这个理念？""我要和谁分享这个东西？"我希望你带着这种精神阅读本书。

提升影响力的途径，是运用你天生的说服力，然后强化它，为了让每个人的生活都更加美好，就先从你自己开始。影响力不是火箭科学那样高深的东西，它是一门科学，也是一个充满爱的故事。

影响力的诞生：创造激情与渴望

运用影响力，其燃料是渴望。因此，第一个问题：你知道自己想要什么吗？

蒙古语单词"Temul"（帖木勒）描述的是创造激情，被诗意地翻译为"在纵情奔跑的骏马的眼神里，根本没有驾驭者"。"Temul"也是"Temüjin"（铁木真）这个名字的词根。你知道的，铁木真就是成吉思汗。

在学校里，老师告诉我们的都是：铁木真嗜杀成性。但我们不知道的是，他建立的蒙古帝国是第一个实行宗教信仰自由、提高全民识字率的大型文明社会，他还第一个建立起跨国邮政系统。铁木真用了一生的时间，从一个无家可归的孩子成长为广袤疆域的统治者，其疆域包括我们今天所知的伊朗、巴基斯坦、阿富汗、吉尔吉斯斯坦、土库曼斯坦、乌兹别克斯坦、阿塞拜疆、亚美尼亚、格鲁吉亚、中国北部和俄罗斯南部。很庆幸，我没有碰到铁木真，但不管怎么说，有一点是毋庸置疑的：他绝对拥有"帖木勒"，而"帖木勒"就是创造力。

儿童往往都富有"帖木勒"。我的女儿里普利 7 岁时，我问她有什么愿望，她毫不迟疑地回答说：

"一把万能枪，我想要什么，就能射出来什么。"

我微笑着说："好吧，那你想射出什么东西来呢？"

"首先，我想要能够治好所有疾病的魔力。然后是长生不老，也让其他人长生不老。还要一个钱包，打开钱包说'我要 20 美元'，钱就会出现，想要多少钱就有多少钱。钱包掉了，会自己回到你的兜里。（她没有钱包，而我经常到处寻找我的钱包。）我还想要时空传送机，想去哪里就去哪里，比如说进入《哈利·波特》这本书里。"

里普利不可能得到万能枪，但和铁木真一样，她拥有渴望并为之努力。她做了很多的事情，比如，她组织一年级的同学写诗歌，然后卖给筹资人，这样他们就有钱捐给世界野生动物基金会。作为回报，他们每人获得了一个红色的金刚鹦鹉布玩偶，他们都迫不及待地拥抱、亲吻它。

我不知道你渴望什么，但如果你拥有渴望，本书就是火箭燃料，助你起飞并使你加速腾飞。

有时候，我们不知道自己要去哪里。你可能处在十字路口，也可能已经实现了自己曾经的梦想。你可能发现自己忙碌于不想做的事情，也可能面临着太多的选择。没关系，你来对地方了。

如果你知道自己想要什么，那问题是：你确定吗？

攻读博士学位期间，我开始做行为实验时，最令我惊讶的早期发现是：我的假想大部分都是错误的。[3] 不只是我的假想，我的同学、导师以及其他人的假想大部分都是错误的。我们最有创造性的想法，其失败率可能高达 90%。即便是现在，作为一名讲授影响力科学的老师，我看见充满激情的人实现了自己的梦想，却发现它并不是自己内心真正渴望的东西。

未曾体验，你就无法确定自己想要的东西。

要弄清楚——真正确定——自己想要的东西，就要去试验，去体验，检验你的假想，检验其他人的假想。你想要什么感觉，就找到拥有这种感觉的人，然后瞄准他们正在做的事情，或者完全不同的事情。我希望你将本书当作一个机会，去试验和发现自己真正想要的东西。

要纵情驰骋，你需要的是：内心燃烧着"帖木勒"。

第 **2** 章

影响力的作用方式并非如你所想

美国佛罗里达州奥兰多市有一个自诩为"世界短吻鳄之都"的鳄鱼岛，在这里，你可以搂抱小鳄鱼，观看鳄鱼打斗，或者乘溜索滑过沼泽——电影《夺宝奇兵2之魔宫传奇》曾取景于此，下面都是伺机而动的活鳄鱼。如果这还不够冒险，你可以在鳄鱼专家彼得·甘布尔的引领下走进游客限入区，去岸边喂鳄鱼，没有任何障碍地亲身接触鳄鱼。彼得领着我经过警告标志时，他小心地说："这些鳄鱼虽然受过训练，但并不温驯。"

我看得出来，它们相互之间也充满危险。"捕食者"的吻部缺了一块，"布隆迪"的尾巴掉了一截。彼得递给我装有生肉的喂食桶时，想到这些庞然大物随时可能发起攻击，我感到既兴奋又紧张。

我抛出的第一块带血的生肉落到了"老伙计"身边，离它的"饵区"（鳄鱼鼻子和尾巴之间的最佳攻击点）只有几英寸[①]远。它一动不动。所有的鳄鱼都没动。第二块肉我扔得更准，就落在"老伙计"的嘴巴旁边，我还没看清怎么回事，它一下子就把肉叼走了。其他鳄鱼呢？一动不动。我扔出更多的肉块。我扔的肉块哪怕偏离一点儿，鳄鱼也会

———————————

① 英美制长度单位，1 英寸约等于 2.54 厘米。

纹丝不动，直到一只鸟飞下来抢食肉块。

　　鳄鱼已经进化出最大的效能。它们的体重超过半吨，却只有一汤匙的脑容量驱动身体；鳄鱼的食量极小，无须进食也能存活三年以上。它们不会浪费任何体能或脑力。除了近在眼前的威胁或轻而易举的机会，它们不关心任何的东西。它们借助本能法则来应对危险和回报。正是有了这些本能法则，鳄鱼物种才生存了 3700 万年。它们的小脑袋只需提出简单的问题：它会伤害我吗？它对我有帮助吗？这容易吗？其他的问题都依靠"自动驾驶"。

　　这种原始的认知过程与我们的头脑具有很多相同之处。虽然我们具有很多非理性行为（拖延、冲动购物、莫名的激烈情绪、病态的痴迷等），但我们更喜欢认为自己是可以做出有意识决定的理性人，而不是寻找阻力最小的道路的本能动物。

　　在本章中，我们将深入讨论日常生活决策的真实发生过程。影响力的作用方式并非如我们所想，因为人们的思维方式并非如我们所想。人们的大多数行为几乎都不会反映"理性思维"，一旦意识到这一点，你就会对影响他人的方式做出简单而有变革性的调整。

斯特鲁普测试：看穿左右你决策的心理过程

　　行为经济学可以帮助我们理解人们的决策过程。虽然这个学术领域现在已经变得时髦，但大多数商界人士都很难定义它，就连研究人员对其意义也经常看法不一。因此，冒着过度简单化的风险，我将对它做出可能有用的解释。

　　心理学主要关注心理过程，只会偶尔对心理过程引起的行为感兴趣。经济学感兴趣的是社会行为（交易、劳动、消费、合作、婚姻、暴力等），几乎不会关心这些行为背后的心理过程——理性自利被认为可以解释一切行为。行为经济学是心理学和经济学结合生下的"私生子"，研究引发社会行为的心理过程。这并不是说理性自利就不重要，而只是说它没有我们所想的那么重要。你无法坚持实现自己的承诺，即使你选择它们是出于相信它们最符合你的利益。你会帮助陌生人，即使你知道他们不会给你回报。你的喜好取决于各种因素，包括你的心情、你拥有的选择甚至是天气状况。对于所有这些问题，行为经济学家都充满好奇心。

行为经济学的一大贡献，是如今广为熟知的认知双重过程理论（dual process theory），这两个认知过程的命名相当缺乏创意："系统 1"（System 1）和"系统 2"（System 2）。我将重点解释它对作为影响者的你来说意味着什么，即使你不熟悉这个基本概念，也可以思考一些新奇的观点。

大多数决策都是习惯性的、不太费脑力的行为，这就是"系统 1"。如同鳄鱼，"系统 1"大都潜伏在我们的意识觉察之下，时刻监控着周围环境里的威胁和机会。它受本能和习惯驱动，随时准备立即做出反应。接近、逃避、战斗、撕咬、照管、交友——最常见的情况，是置之不理（就像鳄鱼对"饵区"之外的肉块一样）。它是无意识的、自主的反应。

"系统 2"则会有意识地、理性地运行，就像是判案的法官，每次斟酌一个案子，倾听双方意见，仔细权衡证据。我们都会体验理性的自我，因为"系统 2"是我们最能觉察到的运行机制。"系统 2"要求注意力集中，因此，为了节省有限的认知资源，我们会尽可能地避免调动它。它善于保留认知资源，用于应对最困难、最重要的情况。正如哲学家怀特海（A.N. Whitehead）在 1911 年写道："思维（意识）的运行，就像是战斗中的骑兵出击——他们数量有限，需要毫无经验的战马，而且只能在关键时刻调用。"

诺贝尔奖得主丹尼尔·卡尼曼在《思考，快与慢》（*Thinking, Fast and Slow*）一书中指出："系统 1"是"快"思考，"系统 2"是"慢"思考。[4]但"系统 1/系统 2"并非唯一的双重过程理论。你还听说过其他的理论，比如思维与感觉、理性与直觉、左脑与右脑，这些理论都是相关的。事实上，"系统 1"和"系统 2"之所以得名，就是因为这个理论旨在统摄其他的所有理论，强调它们的共同之处。我觉得，"系统 1"和"系统 2"这两个术语有点儿含混不清，因此，从现在开始，我把它们称为"鳄鱼"和"法官"。从影响力的角度看，这个双重过程理论的用处在于：它关注的是这两个过程如何运行，两者如何相互作用的。

"鳄鱼"负责所有"快"的、只需极少注意力的认知过程，包括情绪、瞬间判断、模式识别以及各种通过训练变得容易或成为习惯的行为（比如阅读）。捣蒜，下班开车回家，被某个声音吓一跳，冲朋友微笑，留意到打字排版错误，计算 3×5，手机响铃后抓起手机，发自内心地拥抱，和着最喜欢的歌曲吟唱，这些时刻，你就处于"鳄鱼"模式。

"法官"负责所有需要调用注意力和脑力的认知过程，包括计划、计算、制定战略、翻译、防止出错、遵循复杂的指令以及做任何你尚不擅长的事情。主持会议，辩论政治问题，比较保险方案，雨天穿行于下班高峰期的车流中，计算卫生间需要铺多少块地砖，这些时刻你就处于"法官"模式。在"法官"模式下，你是无法一心多用的。

不值得或不可能深思熟虑的时候，决策就会让位于情绪、习惯、偏好、直觉以及"鳄鱼"的心理捷径。做出重大决策并拥有思维"带宽"的时候，你会整合"鳄鱼"和"法官"的反馈，诉诸你的直觉，同时仔细考量你的选择。

有些行为，对有些人而言属于"鳄鱼"范畴，对其他人而言则属于"法官"范畴。滑雪高手可以高速冲下危险的"黑钻"雪道，无须用过多意识就能避开悬崖和树木，享受阳光和高速滑行的快感，这是"鳄鱼"行为。滑雪新手在练习雪道上也必须全神贯注，努力保持雪板平衡，使身体面向滑行方向，这是"法官"行为。

为了更确切地领会它们的运行方式，你可以亲自体验一下"鳄鱼"和"法官"行为。你只需要几分钟的时间，请用手机设置好秒表。

其目的是计算你大声读出下面方框中的词语所花的时间。尽可能快速地读出，同时确保读得准确。只专注地读出这些词语，不要管它们的字体。秒表设置好了吗？

我们开始吧。

做得不错。

请记下所花费的时间。现在再次开始计时，不过，这次你要说出每个词语的字体颜色而不是词语本身。是颜色，不是词语。请再次设置好秒表，尽可能快速地说出颜色，同时确保说得准确。

非常棒。

这次，你注意到了什么？第二次花费的时间更长？你感觉到内心挣扎、速度变慢？对大多数人来说，虽然任务本身的复杂度并未增加，但说出颜色所花费的时间是读出词语所花的时间的两倍左右。你可能认为，说出颜色会花费更多的时间，因为读出词语后，你很难"换挡"去专注于颜色。没错，但并不止于此。

　　你接受过大量的阅读训练，因此，这项功能已经转交给了"鳄鱼"。你成为终生的阅读高手，这个行为已经可以自动运行，就像奥运会滑雪运动员滑雪那样。说出颜色也是一项简单的任务，但你并没有每天都练习——尤其是上面这样的任务，词语本身和其颜色并不一致，因而这项任务需要"法官"集中注意力。然而，"鳄鱼"永远不会停止输入，这不是它的天性。而且，它运行得很快，总是第一个做出反应。要识别颜色而不管词语的意义，"法官"就得压制"鳄鱼"的输入，而这就需要脑力和时间。

　　早在 20 世纪 30 年代，认知学家约翰·里德利·斯特鲁普（John Ridley Stroop）就研究了这种认知系统冲突现象，他发现，人们读出单词"红色"的速度要快于识别其颜色。你刚完成的那个任务就得名于他。你是否注意到，完成第二轮后，你的速度会变快？经过"斯特鲁普测试"（Stroop Test）训练，你很快也会变成颜色识别专家，不会再有那种脑力滞后的感觉。"鳄鱼"接管了这项工作。

　　在你刚体验的这个"斯特鲁普测试"中，"鳄鱼"（系统 1）是第一反应者。随时都是如此。"法官"（系统 2）是质疑者，但只是有时候做出反应，任务足够重要或困难，而且拥有脑力"带宽"时才会如此。"鳄鱼"不需要"法官"输入就可以做决策，但"法官"缺少"鳄鱼"的输入就无法做决策。这种非对称性就是影响力发挥作用的关键所在。

误解的根源：本能反应支配着每个人

大量的"鳄鱼"活动都发生于意识觉察层面之下，因此，我们大多数人都认定这些活动由我们的理性意识负责。我们和地球上所有其他物种的一大区别是：我们能够运用理性思维，而且运用得太多。我们认为，要想改变（自己或他人的）行为，就必须培养说服力。说服大脑后，行为就会发生改变。这似乎是显而易见的，但完全偏离了目标。很容易理解，但完全错误。

有一些研究人员估计，我们 95% 以上的决策和行为可能都由"鳄鱼"单独负责。具体数字无法量化，但我们知道，我们绝大多数的决策和行为都是受"鳄鱼"驱动的。想想，你时刻都在做出大量决策——你所有的身体动作、你选择的所有食物、你抵御（或无法抵御）的所有诱惑、你说的每一个单词——对于这些决策，你不可能都做到深思熟虑。我们对世界和他人做何反应，"鳄鱼"都在起着非常重要的作用，但要接受这一点并不太容易。

社会心理学家约翰·巴奇（John Bargh）和塔尼娅·沙特朗（Tanya

Chartrand）写道："考虑到人们渴望相信自由意志和自我决定，我们很难接受日常生活大都由自动的、无意识的心理过程驱动——但意识控制能胜任这个工作……似乎是不可能的。正如夏洛克·福尔摩斯喜欢对华生医生说：排除掉所有的不可能，剩下的——不管多么不可能——肯定就是真相。"

当我告诉人们"鳄鱼"的强大作用时，有些人会坚定地反驳说：

"好吧，也许普通人会受'鳄鱼'支配，但我们有些人不是'法官'吗？"

"我可是精通数学的人，真的。"

你可能希望人们用逻辑和数据来影响你，你可能借助电子表格或计算器来做出重大的决定。我也是如此。但这并不意味着我们不受"鳄鱼"的影响。这只是说我们不想过于受到"鳄鱼"的影响。这不是智力的问题。和其他所有人一样，医生、律师和专业人士也会存在偏见——真正的法官也不例外。

在一项针对以色列法庭假释裁决的研究中，沙伊·丹齐格（Shai Danziger）、乔纳森·勒瓦夫（Jonathan Levav）、利奥拉·阿夫兰－佩索（Liora Avnaim-Pesso）等研究人员注意到一个奇怪的模式。[5]当天的三场庭审会中，首先出庭的那些犯人获准假释的概率为65%。但第一场庭审会结束前出庭的犯人获得自由的概率几乎猛跌至0。法官休息之后，这一概率又升至65%。法官无法控制犯人的出庭顺序，这取决于犯人的律师何时到庭。犯罪的严重程度，犯人的服刑时间，是否有服刑史——这些都无法解释这一模式，犯人的民族或性别也无法解释。

研究人员最后得出的结论是：随着法官们变得疲惫，他们倾向于做出更容易的默认选项。庭审会开始时，法官们精神饱满，能够专注于每个案件的细节，全神贯注，仔细斟酌证据。然而，随着时间的推移，疲惫和饥饿开始产生影响，依靠捷径和本能的"鳄鱼"开始介入并接手庭审工作。

我们对犯人的本能反应是什么？他们是危险人物。正因如此，他们才会被关入监狱。一旦"鳄鱼"接手工作，本能反应就决定了默认选择：驳回假释申请、驳回假释申请、驳回假释申请。如果你批改过成摞的试卷或查看过成堆的简历，你就会知道自己有多疲惫，结束时要做到和开始时同样公正有多难。

一切误解都根源于我们以为自己是理性动物，但坐在"驾驶位"的是"鳄鱼"。它总是第一个出现，也是"法官"疲惫后的默认负责者。"鳄鱼"的影响力远超你的想象。

"鳄鱼"的薄片：瞬间情绪反应

我们的瞬间情绪反应——本能反应——对我们的判断具有极大的牵制作用，尤其是我们对他人做出判断的时候。有关这种牵制作用的研究数量众多，首先进行研究的是已故社会心理学家娜里妮·安贝迪（Nalini Ambaby）及其同事罗伯特·罗森塔尔（Robert Rosenthal）。他们用"薄片"（thin slices）这个术语来描述我们形成个人印象的狭窄的时间窗口——有时候只有几分之一秒的时间。

"薄片"研究得出的第一个惊人事实是：这些快速的"鳄鱼"印象可以非常精确地预测社交判断及其带来的有意义的结果。当大学生被要求基于一个无声的、6秒钟的教学视频评价教授的教学能力时，其结果准确地预测了教授们在年终评价中的表现。观看区域销售经理的3个时长为20秒钟的视频，仅凭借其声音，本科生就能识别出业绩最高的销售人员。安贝迪让受试者听完含混不清的、时长为10秒钟的外科医生和病人交谈的音频片段，他们就能预测出哪些医生曾因为医疗事故而被病人起诉。不管这些"薄片"是身体语言、语音语调还是面孔，它们都会传达出有价值的信息，具有显著的预测准确性。

神经科学家亚历山大·托多诺夫（Alexander Todorov）将曝光时间切得更"薄"。他让受试者只看一组陌生面孔 1 秒钟，然后让他们从中挑选出能力更强的人。受试者并不知道这些面孔是竞选过国会议员的候选人，然而，他们对哪些候选人赢得选举的瞬间判断的预测准确率竟然高达 70%。[6] 现任职位？党派？这些都不重要。

这项研究对影响力具有极大的启发意义。首先，它强调并在某种程度上证明了"鳄鱼"在我们对彼此的看法和决定上起着重要的作用。"鳄鱼"会做出瞬间判断，一旦做出判断，就不会改变。[7] 多个研究结果表明，用更多时间思考，并不能提升社交预测的准确性；有些研究还发现，受试者思考时间越多，他们做出的预测实际上越不准确。

我们决定给谁投票、是否起诉等重大决定，不过是基于本能反应，即使我们有不同的说法。因此，理解、预测或影响他人的行为应该始于"鳄鱼"的瞬间判断，随时都应该如此。

选择性注意与偏见性推理

　　"鳄鱼"和"法官"是理论上而非解剖学上的建构，但如果你是科学迷，你会发现有一点很有意思：它们与脑区的确存在着某种相关性。"鳄鱼"同协调动作的小脑、处理情绪的边缘系统等原始脑区更相关。"法官"同负责理性思维的新皮质更相关。更有意思的是，神经解剖学已经证实："鳄鱼"脑区对"法官"脑区的影响更大，而不是相反。将信息由边缘系统传送至新皮质的神经纤维数量，要远多于相反方向的神经纤维数量。[8] 即使是从解剖学上看，"鳄鱼"也是重量级选手。

　　虽然你以前可能从未考虑过这个问题，但经验告诉你：你无法借助意识作用去影响你的本能反应。"鳄鱼"是不会接受请求的。你无法靠理性来说服自己坠入爱河，讨厌冰激凌或喜欢（明显难吃的）欧洲萝卜。控制本能反应是可能的，但并不容易做到。保罗·罗津（Paul Rozin）对"厌恶感"做过研究，他邀请成年人吃一块狗屎形状的巧克力，结果40%的受试者都不敢吃。（不过，婴儿没有任何"鳄鱼"冲突，高兴地吃下了狗屎形状的巧克力。）

这种相互影响的不平衡性，都源于一个重要的因素："鳄鱼"起着过滤器的作用，决定哪些信息能送达"法官"的意识觉察层面。这就是说，"鳄鱼"不但在"法官"疲惫时接手，"鳄鱼"还决定着"法官"考虑哪些案子和证据。即使"鳄鱼"不是主角，随着影响力从"鳄鱼"流向"法官"，这些证据早就流经了"鳄鱼"的两大过滤器：注意和动机。

选择性注意：我们是如何自我欺骗的

精细的视觉处理是非常困难的。神经学家史蒂芬·马克尼克（Stephen Macknik）和苏珊娜·马丁内斯－孔德（Susana Martinez-Conde）写道："你的眼睛只有在视线正中的锁眼大小的区域才能分辨精细的细节，该区域只占你视网膜面积的千分之一。周围绝大部分视野的分辨质量都差得出奇。"[9] 那为什么外界的那么大部分看上去都是处于焦点之内呢？这是因为"鳄鱼"会猜测，用高度可能性的图像填补空白。"鳄鱼"用类似的方式猜测这个世界的其余部分，让日常的、不显著的反应依赖于直觉、本能和习惯。为了节省资源，"法官"的理解力被留下来应付意外事件：意外的威胁（身后的警笛声）、意外的机会（引人注目的陌生人）甚至是意外的熟悉物（你买了一辆斯巴鲁傲虎，现在到处都是这种车）。

"鳄鱼"通过影响我们寻求信息的方式对信息进行过滤。最重要的影响方式是"确认偏误"（Confirmation Bias）。我们会无意识地寻求那些支持我们的想法，支持我们希望相信的东西以及支持我们期望找到的东西的信息。互联网搜索反映了我们寻求世界信息的方式。当我搜索"顺势疗法能治疗头痛吗"时，搜索到的第一页的结果看上去很有希望验证我的设想。有十篇文章确认了我所猜想的顺势疗法能够治疗头痛，其中包括凯萨医疗机构的一篇文章以及《印度时报》发表的一篇文章，很不错。然而，当我搜索"顺势疗法只具有安慰剂效果吗"时，第一页搜索的结果也有十篇文章，包括美国国立卫生研究院（NIH）的一篇文章以及《印度斯坦时报》的一篇文章，这次它们确认了我完全相反的假设也是正确的：顺势疗法只是一种安慰剂。

我们往往会寻求那些可以证明我们的正确性的信息，同时，我们还会远离那些可能证明我们是错的或让我们不舒服的信息。看见松饼上的标签，你没阅读上面的卡路里数值就把目光移开。你隐隐知道自己应该接受家族遗传疾病筛查，但你总是推迟不做。

对于"有意忽视"的系列精彩研究中，决策研究专家克里斯廷·埃里克（Kristine Ehrich）和朱莉·欧文（Julie Irwin）给两组受试者提供了同样的产品，但给出不同的产品信息。一半的参与者被告知，这些产品存在雇用童工、采购可持续性等伦理问题；另一半参与者有权询问产品的伦理信息——他们可以选择询问，也可以选择不询问。研究人员发现，受试者获得他们关心的伦理信息后，在做出购买决策时确实会考虑伦理问题——这一点并不出人所料。然而，关心伦理问题，使他们寻求伦理信息的可能性降低——他们会因此受到道德约束。你猜，哪些受试者最不可能寻求产品的伦理信息？是那些真正喜欢某个产品的人，比如一张漂亮的木桌，其木材可能是也可能不是开采自雨林。只要人们不清楚产品有违道德问题，他们就不用为此负责，也不用为自己负责。"法官"会筛选信息，帮助人们做渴望做的事情，相信人们渴望相信的东西。而这些渴望来自"鳄鱼"。

有时候，这种选择性注意信息会演变为彻头彻尾的自我欺骗。

我和我的同事们发现，只要给人们一个自我欺骗的理由和机会，他们就会欺骗自己，能骗多久就骗多久。我们的研究细节各有不同，但基本的方式都是如此：让一群人进入实验室，接受 IQ 测试或小测验，然后自己进行评分。其中一半的受试者可以接触到答案。这些人得分高并不意外——很多人作弊，接下来的情况才让人感到意外。

现在每个受试者再次接受难度相同的测试，并预测自己的分数。作弊者这次没有任何答案，也清楚问题的难度和上次一样。作弊者应该意识到这次得分不会有上次那么高，但他们不愿相信第一次测试得分高是因为有答案的帮助。高分让他们感觉自己很聪明，这种自我欺骗的作用非常强大，他们甚至愿意为自己的分数下赌注。

第二次测试结束后，他们赌输了（当然会赌输）。你可能以为这种"真实性检验"（reality check）会让他们回到现实，但并没有。我们发现，他们需要连续做三次"真实性检验"——无法作弊的连续测试——才能走出自我欺骗。当我们允许他们再次作弊时，情况又如何呢？他们马上又回归妄想。自我欺骗是一大陷阱，陷入容易，出来很难。

偏见性推理："法官"是大忽悠

我已经解释了进入我们意识觉察层面的信息是如何带上偏见的。事实上，"法官"对信息的处理也存在偏见，因为推理本身就是一个影响的过程。大脑里某个"内部案子"正在被争论。

看看下面这个来自公共政策研究专家埃尔达·沙菲尔（Eldar Shafir）的"监护权判决"案例。如果你想试验一下，可以邀请朋友一起做。你俩承担法官的角色。一个人"判决"哪个家长享有对孩子的单独监护权，另一个人"判决"哪个家长对孩子的单独监护权应该被驳回。关于两个家长，你俩只知道下面这些特征信息。讨论之前，请先做出你们的"判决"。

大多数人将监护权判给家长 B，被大多数人驳回监护权的……也是家长 B。为什么呢？因为"鳄鱼"鼓励我们求稳、谨慎行事，选择那些特别有益的特征，排斥那些特别有害的特征。从"选择哪个家长"出发来处理这些信息，你会寻找最有益的特征，关注家长 B 与孩子的亲密关系。从"拒绝哪个家长"出发来处理这些信息，你会寻找最有害的特征，关注家长 B 经常出差。

家长 A	家长 B
收入水平一般	收入高于平均水平
健康状况一般	有健康小问题
工作时间正常	经常出差
和孩子相处比较融洽	和孩子关系非常亲密
社交生活比较稳定	社交生活极为活跃

　　这种"选择或拒绝"偏见会严重影响招聘过程。筛选简历时，你会潜意识地想拒绝，因为深入考虑意味着更多的时间和麻烦。然而，面试应聘者时，你会潜意识地想选择，因为选定正确的应聘者就意味着完成工作。因此，"鳄鱼"的偏好会影响"法官"如何处理信息。这样的认知偏见，与种族主义、性别歧视或同性恋恐惧等社会偏见具有相似性：即使知道这是错误的，也无法简单地通过"决定"来加以区分。你可以给行为筑起"护栏"，防止偏见把你导向错误的行为"航道"……但前提是你知道正在发生什么，而我们大多数人并不知道。

　　"法官"开始合理化"鳄鱼"的直觉——它非常擅长这一点——偏见性推理就被激活。在假释听证会上，疲惫、饥饿的法官可能没看犯人一眼就说："把他关起来。我对这个家伙没有好感。"

　　法官听从和选择那些支持"这个犯人会对社会造成持续的威胁"这一直觉的证据和理由。犯罪性质是什么？有暴力前科吗？犯人表现出认罪意愿了吗？不管是什么理由，只要能把犯人关起来，都会被加以利用。"鳄鱼"会对"法官"施加引力，"法官"要花很多能量来抗拒这种引力。

　　要体验"鳄鱼"对"法官"的这种拉拽力量，可以看看野生动物保护问题。保护野生动物有多重要？应该怎么保护？你本人应该怎么做？这些大都是"法官"的决策过程。但同所有法官审理案件一样，这个过程会受"鳄鱼"的影响——你的经历，你的偏好，你对所知信息的反应。"鳄鱼"和"法官"都负责你的**思维**（意识或无意识）和**行为**，但只有"鳄鱼"负责你的**感受**。

　　看看下面这张孟加拉虎的照片。这是 2019 年仅存的孟加拉虎的合成图，每只为 1 个像素，一共只有 2500 只。[10]

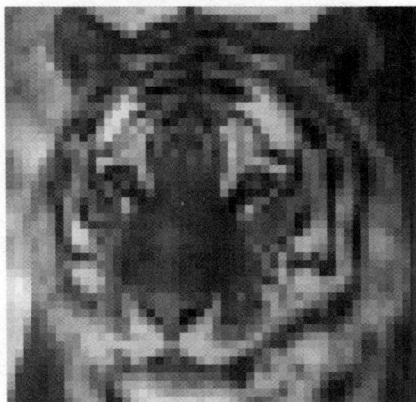

　　大多数人认为，这张照片成功地传达了人们对这一数量及其所带来的悲剧的感受。（如果你看见彩色照片，感受会更强烈。）你的"鳄鱼"熟悉这个物种——孟加拉虎伴随着你长大，是招人喜爱的大型动物，知道它的名字时也知道了大象、长颈鹿和斑马——你的这种情绪反应就会进一步受其影响。多么令人悲伤的照片！必须采取保护措施！

　　现在，假设有两个保护计划，你必须决定资助其中一个。一个是孟加拉虎保护计划，另一个是印支虎保护计划。下面是一张印支虎的照片，同样是 2019 年仅存的印支虎的合成图，每只为 1 个像素，仅有 600 只。

这次，是由"法官"告诉你这是一张老虎的照片，因为你不得不相信。你能看见这些像素，但不会对印支虎的存在或灭绝悲剧产生对孟加拉虎那样的感受。

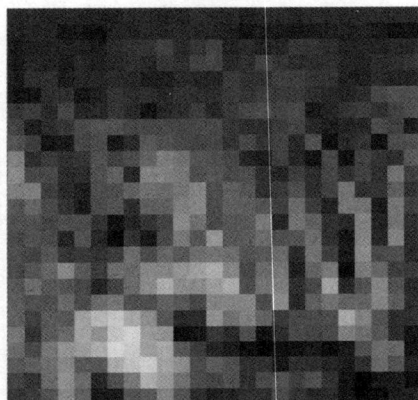

考虑要资助哪个保护计划时，你的感觉（"鳄鱼"）可能更倾向于资助孟加拉虎保护计划，于是，你会寻找理由（"法官"）来证明这种偏好。孟加拉虎比印支虎更出名，因而数量也可能更多；孟加拉虎是标志性动物，因此，保护它们有助于为其他保护计划募集资金。而印支虎2019年仅存600只，迟早都会灭绝。很遗憾，但我们应该关注还能拯救的物种。

"法官"会劝说应优先保护印支虎，因为它更需要帮助，数量也更少——但"鳄鱼"不想这样做。考虑证据、通过推理得出结论时，"法官"不可能忽视"鳄鱼"的感受、判断、偏好和情绪。"鳄鱼"会影响"法官"关注哪些事实，考虑哪些选项，判断哪种决定似乎更明智或更公平。这意味着"鳄鱼"占了上风。了不起！这还意味着理由和合理性很难区分。

假设你要选择吃巧克力蛋糕还是吃水果沙拉。如果这个选择不用费脑子，"鳄鱼"就会加以处理。但如果你不确定，"法官"就会介入。双方"律师"陈诉自己的观点：

法官大人，你的裤子都绷紧啦，你早上吃了炸面圈。
反对！法官大人，你今天早上跑步了，而且我认为那是自己制作的蛋糕。
反对！你的新老板就在这里，请表现出自控力。

诸如此类。直到"法官"落槌做出"判决"。

推理和逻辑都属于辩论范畴，这意味着两者都是为了施加影响。在"巧克力蛋糕或水果沙拉"一案中，推理能力被调动来支持双方的观点。你有"法官"论证双方的观点，但由于受"鳄鱼"偏见的影响，"法官"只会考虑到部分事实。只要存在个人偏好、先入之见、模式化观念和捷径想法，评价这些事实的过程就会存在偏见，概莫能外。我们只能说，"法官"尽量不要存在偏见。

尽管动机良好，但"法官"就是大忽悠，天生就会为"鳄鱼"的无意识行为提供"合理的"解释，不知道答案时，甚至会编个答案。如果这听起来有些荒唐，那就看看某些大脑实验的怪诞结果。

某些罕见的严重癫痫病例中，病人的胼胝体——连接大脑左右半球的"主电缆"——经手术切断，以防止癫痫发作从某个大脑半球蔓延至另一半球。连接被切断后，呈现给某个半球的单词、物体或图片（只有对侧眼睛可以看见）在另一半球不会有意识地显示。然而，结果表明：

这种信息的彻底缺失并没有对"法官"的合理化能力造成任何障碍。真是大忽悠！

对这些病人进行研究时，神经学家迈克·加扎尼加（Michael Gazzaniga）让他们解释那些由右脑主导并执行的行为。但语言是由左脑负责的，由有意识的"法官"操作，因而病人不可能解释这些行为。但根据加扎尼加的说法，"左脑编造了一个合理的答案"。例如，他快速向病人的右脑展示单词"微笑"，向左脑展示单词"脸"，然后请病人画出看见的东西。

加扎尼加回忆说："病人用右手画了一张笑脸。"他问："你为什么这样画？"病人回答说："你想要什么？哭脸？谁想要哭脸？"加扎尼加解释说，我们使用这个"翻译"来解释事件、筛选涌入的信息、建构理解世界的叙事。换言之，我们的大脑天生就会解释我们的行为，即使我们对自己做出的行为的原因毫不知晓。

我们大多数人和熟悉的大多数人相处时，大都是在逆向地处理影响力。我们一直以为，要影响人们的行为，就必须改变他们的想法。这有时候是正确的，但非常少见。那些基于逻辑和理性证据的诉求，其说服力远低于我们所想。我们还会错误地、想当然地认为，人们在极度缺乏注意力时也会有意识地注意。

有关"鳄鱼"和"法官"关系的科研文献令人信服地表明：我们要转移关注的焦点，将影响力首先作用于"鳄鱼"。这可以解释人们如何真正做决策，而不是我们认为他们会如何做决策。要抓住某人的注意力，让他容易说"是"，然后，你还需要精心地给出合乎情理的论据。不过，你已经知道如何做到这一点，也有很多书可以帮助你磨砺出这种技能。本书旨在帮助你学会同"鳄鱼"交谈并以此影响他人，因为我们往往欠缺的正是这一点。

影响行为的基本原理：选择阻力最小的路径

　　20 世纪 80 年代，研究人员发现，多吃蔬菜和水果可以降低癌症和心脏病这两大致死疾病的发生率。世界卫生组织（WHO）推荐每日应该摄入不少于 400 克或 5 份果蔬。为了增强人们对这一推荐量的意识，美国国家癌症研究所（NCI）联合美国农业健康基金会发起了"每日 5 份果蔬运动"（5 A Day）。1991 年，这个运动面向全美推广，电视广告、新闻报道和海报宣传的投入高达数百万美元。到 1995 年，公众"每天需要吃 5 份果蔬"的意识增强了 4 倍，从 8% 增长至 32%。"每日 5 份果蔬运动"取得巨大成功，被全球 32 个国家采用。

　　然而，持续研究的结果却令人泄气：虽然人们的意识大为增强，但他们的行为并没有改变。[11] 事实上，他们确实有所改变，但并没有像公共健康专家所希望的那样改变自己的行为。1990 年至 2000 年，美国的水果和蔬菜消费量事实上还下降了 14%。英国的情况也差不多，真是令人失望。

　　结果表明，"每日 5 份果蔬运动"只是成功传达了信息但未能取得成效的众多公共健康运动之一。正如波·布朗森（Po Bronson）和阿什利·梅里曼（Ashley Merryman）2009 年在《教养大震撼》（*NurtureShock*）一书中所言："联邦政府每年花费超过 10 亿美元用于各种学校营养教育计划。麦克马斯特大学最近对 57 项计划进行了研究，结果表明，其中 53 项计划毫无作用——剩余 4 项计划的效果也微乎其微，不值一提。"[12]

那问题出在哪里呢？"每日 5 份果蔬运动"这样的口号朗朗上口，传达的信息也易于理解，会受"鳄鱼"欢迎。根据衡量这项运动成功的指标，它也确实增强了公众的意识。在当时，它的成功备受赞扬，因为它似乎改变了人们的想法，而这是非常困难、极其少见的。然而，如果想要改变人们的行为，那它瞄向了错误的目标。没错，鳄鱼虽然行动迅速，但也非常懒惰，这正是它们高效的秘诀。如果没有满足"鳄鱼"的便捷性门槛，你的伟大想法就会落在"饵区"之外。

从这个角度看，我们会发现，"每日 5 份果蔬运动"从一开始就注定会失败。它指望人们在饥肠辘辘、心烦意乱或匆忙之时还能记住这一信息，它指望人们在饥饿唤醒"法官"决定时还能抵御诱惑，它以为人们只要意识到应该摒弃根深蒂固的习惯就能摒弃这个习惯。要多吃蔬菜和水果，就需要付出劳动，不只是要去食品店选购果蔬，还要花费时间和精力做果蔬。此外，正如我们将在"第 6 章"探讨的，告诉人们什么对他们好，他们就会抗拒你主动提供的建议。

影响行为的基本原理是：**人们往往会选择阻力最小的路径**。便捷性是预测行为的唯一最佳指标，胜过动机、意图、价格、质量和满意度。有一种鲜为人知的衡量便捷性的营销指标，叫作"客户费力度"（Customer Effort Score），它可以归结为一个简单的问题：**有多便捷?**

客户如何回答这个问题，会影响客户再次购买产品、增加订单或向他人推荐的三分之一的意愿。"三分之一"听上去也许不是太多，但事实上数量巨大；"客户费力度"对客户忠诚度的提升作用，比"客户满意度"高 12%。

便捷使人快乐，费力让人远离。在一项针对 7.5 万通客服电话的研究中，研究人员发现：报告产品使用困难的客户，81% 的客户说会告诉朋友或发布负面评价；而报告产品使用便捷的客户，只有 1% 的客户说会这样做。

仔细想想这个观点，你会发现到处都是证据，包括你自己的行为。你经常去购物的地方，可能是亚马逊网站而不是塔吉特超市，因为你在亚马逊网站上可以便捷地找到想购买的产品，收货快而便捷，产品有问题退换也便捷。你可能会使用共享汽车 App（应用程序）而不是打电话叫出租车，因为它更为便捷，你不用再去寻找电话号码、搜寻地址或掏出兜里的钱包付车费。

约有 10% 的车主决定不再买车，因为共享汽车比自己买车更为便捷，省去了保险、维修或在拥挤的城市寻找停车位等麻烦。如果你这段时间想谈恋爱，你可能会使用婚恋交友 App，因为它很便捷。传统的婚恋方式需要你做出复杂的权衡。相对于年龄、幽默感或距离远近，你如何权衡吸烟问题？太难了。让"鳄鱼"无意识地决定要便捷得多。

如果你想要人们和你多做生意，就要尽可能地让生意变得便捷。2015年达美乐推出的订单系统计划（Domino's Anyware），让比萨订购变得非常便捷。他们知道你的地址、信用卡信息和最喜欢的比萨种类，因此，他们会说："你不用下订单——只需通过短信或推特发给我们比萨的表情符号。"真便捷！你最喜欢的比萨就会出现在你家门口。当年，这个计划使其销售额提高了10%以上；2018年，达美乐超过必胜客，成为全球最大的比萨公司。

要影响人们去做某件事，一个便捷的起点是帮助他们记住这件事。"法官"随时都在忙碌，因此，我们不能指望任何人记住任何事情，甚至不能指望自己。最近，我带着我的小猫"戴夫"坐飞机，过安检时，我忘了将它从猫笼里取出来，直接放上了传送带。"戴夫"通过X光机时，把安检人员吓了一跳，我才意识到它还在笼子里。我非常爱"戴夫"，但光爱没用。我当然想过把它取出笼子，但意图也没用。我甚至脱掉了鞋子，把电脑放进篮子里——因为安检人员提醒我这样做。"戴夫"没有受到伤害，但这件事引起了骚动，我听见后面那位旅客说："天哪，简直不能相信。"如果他理解"鳄鱼"的某些怪癖，就容易相信了。

预约提醒是代价最小、最有效的助推方式。短信提醒可以提高医生的预约到诊率，加快贷款的还款速度，提高服药遵从性，提高疫苗接种率，帮助学生按时提交作业。短信提醒还可以降低被告的不出庭率；不出庭的现象经常发生，不但会被罚款，还可能被捕。在纽约的一项大型实地研究中，研究人员给轻罪被告人发去短信，提醒他们按时出庭。这种简单的助推方式使被告出庭率由30%提高至 38%。在出庭的被告中，三分之二的被告被免予起诉。仅仅是这项研究涉及的案子，被捕的被告就减少了 7800 人。有时候，一个设计的改变就能让人更容易记住事情，比如，提醒你系上安全带、挽救了无数生命的"叮咚"声。一个月用量的避孕药药盒中备有特殊那个星期服用的安慰剂，可以强化每日服药的习惯，预防无数小生命的降生，给使用者带来不可估量的轻松感。

正如便捷性可以解释你的大量行为，费力也可以解释你没有做的许多行为。忙碌和疲惫时要运动，饥肠辘辘时不去理会饼干，或者放下电话再关灯，这合理吗？当你的能量消耗殆尽时——疲惫、忙碌、紧张、饥饿——你不能指望"法官"会战胜"鳄鱼"。在这些情况下，谁也无法控制自己，就连"法官"也不行。

我们对"鳄鱼"的理解还告诉我们：更容易坚持或坚持难度越小的事，成功的概率就越高。你承诺和老朋友一起运动，你就不会让他失望。你把饼干装在不透明的盒子里，打开储藏柜时，饼干就不会突然吸引你。我有时会关闭手机里的社交媒体。我可能会忘记，又开启了推特，虽然开启程序只需一分钟，但它让我感觉费力，因而会起作用。

这种感觉很重要。"客户费力度"衡量的不是实际的费力程度，它衡量的是被认为的费力程度，虽然这是同等重要的。研究人员想帮助人们坚持健身，他们在健身器材上安装了扣人心弦的有声电子书，而且健身会员不能把这些书带回家。想要知道接下来的故事情节，他们就得去健身馆。去健身馆健身的费力程度其实并没有减少，但"鳄鱼"轻推而不是拉拽他们时，他们会感觉更容易去健身。

想要影响他人去做某件感觉很重大的事情，可以**从小处去着手**。我学到这一点，是通过飞机跳伞。我刷完信用卡准备双人高空跳伞时，我的"鳄鱼"向"法官"求情说：

我会死掉的！

你不会死掉。你自己选择来这里的。你要支付一大笔钱。

你这是让我去送死！

愚蠢！这是生意。如果有客户死掉，就不会有生意。

谋杀犯！！！

我穿上柔软的棉质跳伞服，观看着安全提醒视频，我的教练和跳伞搭档走过来做了自我介绍，然后陪我走向飞机。亚历克斯是一名退伍老兵，身材魁梧，头发花白，笑容灿烂，很有亲和力。他那种沉稳和自信，只有在某个长时间冥想或找到上帝的人身上才能看见。

亚历克斯过去50年所做的就是从两英里①的高空跳下飞机，高速冲向地面。一次又一次，反复如此。作为竞技跳伞运动员，亚历克斯专门从事定点跳伞，能精准地着陆于硬币大小的目标。他获得过奖牌。我感到平静多了，因为我知道碰上了跳伞行家。

我们穿过草坪走向飞机时，我还在犯嘀咕：我能跳下去吗？还是要坐着飞机返回？我会是自己的英雄还是懦夫？你对自由落下感到恐惧，但你知道，只要那一刻鼓起勇气，就绝不会掉头返回。飞

---

① 英美制长度单位，1英里约等于1.609千米。

机向跳伞高度爬升时，我回答了亚历克斯的很多问题。是的，我有一个女儿。（我还能见到她吗？）我知道跳伞就是变成香蕉吗？"你只需记住这样做。"他把手掌弯成香蕉的形状，"臀部向前，手臂向后，抬头挺胸，就像香蕉。"香蕉，香蕉，香蕉。我可以变成香蕉，但我能跳下去吗？

亚历克斯又问了一个问题。是的，我回答说。现在，我全神贯注于他的培训。他叫我坐在这里，拉下这个，握住那个，往旁边挪一点儿，举起双臂好让他夹紧我，深呼吸，把右脚放在这里，左脚放在那里，右手抓住飞机门框。接着，我们就从高空坠落而下。我大笑起来。我成了香蕉。我们中有人拉开了降落伞，我们下落变慢。我的眼泪夺眶而出。"你还好吗？"亚历克斯冲着我耳边大声问道。我点了点头。我们身下的弧线形地面，是我见过的最美丽的风景。

亚历克斯一步步地引导我做出最终的决定。他让我感觉跳下飞机并非什么重大的选择，甚至压根儿就没做选择，就那样自然地发生了。每一小步，都让我靠近终极一跃，我的恐惧根本没有被激发。我的"鳄鱼"接受了每一小步。我可能无法跳下飞机，但我可以慢慢向前挪。我可以臀部向前，我可以变成香蕉。跳伞被分解为这样的时刻，也就丝毫不觉得困难了。

如果你的伟大想法是影响他人实现信仰的跃迁，你就可以像亚历克斯那样做，引导对方慢慢向前，每次一小步。

也许你有一个很不错的 App 开发创意。有人体验之后愿意见你吗？你会征求他们的建议吗？他们愿意推荐其他人体验吗？你可以跟进吗？你采纳他们的建议后，他们想听听进展情况吗？他们想更多地参与进来吗？

　　所有旅程都始于一小步。你如何才能让这第一步对每个人来说——包括你自己——都尽可能地不费力？下一步，再下一步又该如何不费力？

第 3 章

害怕说 "不" 损害了你的影响力

拯救这个世界的词汇是："不"（no）。更准确地说，是"不行"（nyet）。[13]

莫斯科郊外的秘密指挥中心"谢尔普霍夫 15 号"（Serpukhov-15）警报声大作，屏幕跳出"发射"文字。时间是 1983 年 9 月 26 日午夜刚过，代号为"Oko"的预警系统探测到五枚美国"民兵"洲际弹道导弹装载着核弹头正向苏联袭来。执勤官斯坦尼斯拉夫·彼得诺夫清楚自己应该做什么：立即拿起电话，向最高指挥官报告有导弹袭击。这些导弹命中目标前，他们只有几分钟时间决定做何反应，而苏联政府声明过会实施全面核报复。第三次世界大战即将爆发。

然而，彼得诺夫的"鳄鱼脑"告诉他，事情不太合乎情理，他需要时间思考。他是一位信息技术专家，参与过"Oko"系统的研发工作，而且这套系统最近才完成部署。会不会是假警报？它的预警具有高度可靠性，但卫星操作员没有获得视觉确认。天空多云？可能是的。但彼得诺夫反复问自己：为什么没有看见更多的导弹？他曾被多次告知，美国发起的第一波核打击，目的就是要摧毁苏联，使其丧失核报复能力。应该是数百或数千枚导弹，不止五枚。

当时正值冷战的高峰时期，局势非常紧张。斯坦尼斯拉夫·彼得诺夫无法确信这到底是导弹攻击还是假警报。他考虑过自己的指令，考虑过遵循这些指令会发生什么，他说 "不行"，没有报告上司。

　　23 分钟后，没有导弹攻击，他松了一口气，全身瘫软。彼得诺夫事后说，如果当时是他的任何一位同事在值班，肯定就会触发警报——人类的浩劫。据估算，这场核战争会直接造成两亿人死亡——占美国和苏联总人口的 40%。全球农业会被 "核冬天" 摧毁，20 亿人也会因此被饿死。

提升影响力第一课：挑战 24 小时对一切说 "不"

虽然世界安危未定，但说 "不" 可以是救生圈。不愿说 "不"，我们就会承担过度的义务。不愿听见 "不"，我们就会过分谨慎，不敢提问——精疲力竭，畏首畏尾。开始说 "不" 之前，我们大多数人甚至没有意识到这是一个问题。

因此，我们要开始说 "不"。

2018 年秋，对于我不想做的事情，我完全有理由说 "不"，但我的职业视野日益扩展，创造了很多新的机会。我兴奋地飞往世界各地做演讲，但这些机会让我感到应接不暇、压力重重。我的教练曼迪总结说："你对任何事、任何人都想说'是'，这种热情令人钦佩，但它会让你精疲力竭。"于是，我决定将下个月的默认反应设置为说 "不" ——我戏称为 "NOvember"（说 "不" 的 11 月）。

我对演讲邀请说 "不"！对咖啡聚会说 "不"！对促销沙龙说 "不"！对粗鲁之人说 "不"！对友善之人说 "不"！对陌生人的请求建议说 "不"！对家人要钱说 "不"！对写作训练课说 "不"！对令人

害怕的资深同事说"不"！我最难说的"不"，是收养一只名叫"强盗"的独腿猫。当然，这个 11 月里，我也对某些事情说过"是"，不过都经过了严肃认真的考虑。日子一天天过去，我开始感觉压力减小，更能够掌控自己的决策、时间和生活。随着时间的流逝，到了 11 月底，我感觉浑身充满力量，因此，我决定继续说"不"，以便帮助我更关注那些"是"。

我这次长达一个月的"历险"，其实是我上课第一天向 MBA 班上的学生提出的"24 小时说'不'挑战"的延伸。我们大多数人（尤其是善良的人）已经内化了有关礼貌的社会规范，这些规范不可避免地束缚着我们。有人提出请求或发出邀请，我们会尽量说"是"，因为说"不"是不礼貌的。然而，我们自己需要帮助时，麻烦别人却会显得粗鲁无礼。不知何故，我们接受的教导，是要慷慨大方、自立自足，而不考虑这样做会极大地消耗自己。

我邀请你也参加这个说"不"的挑战，为自己创造更多的生活空间。你不必坚持一个月，只需接下来 24 小时内对所有的请求和邀请都说"不"——加班，"不"；上完课疲倦不堪，喝杯啤酒，"不"；免费提供职业指导，"不"；加入你支持的非营利性组织的董事会，"不"；因为你碰巧有一辆皮卡车，就要帮朋友运送家具，"不"；不断落到你身上的情绪劳动，"不"；朋友请你在他的婚礼上高歌一曲，"不"；你的伴侣在做精美的晚餐，让你跑去商店买鲜罗勒叶，"不"。没错，我请你对每个人的每个请求都说"不"，然后仔细观察会发生什么。你感觉如何？他人会做何反应？你真心想说"是"的，是哪些请求？不用担心。如果你确定某个决策是错误的，你可以随时改变主意。但你必须先说"不"，以便拓展你的舒适区和力量[①]。

不要把这个挑战当作对"罪恶快感"说"不"的机会。但是，哪怕是亲近的人，哪怕是你想做的事情，哪怕是小事情，你都要练习说"不"。这个说"不"挑战，是善待自己，是允许自己占据更多的空间。它是一个实验，让你看看你的"鳄鱼"是否经常基于顺从而做出本能反应。在这样的时刻，顺从往往是最容易的事情。

练习说"不"的时候，如无必要，尽量不要解释原因，说完"不"就打住。出于礼貌，也可以说"不，谢谢"，要说得温和、明确而坚定。对某人说"不"的时候，如果你显得犹豫不定，他就会反复地请求，因而你更难说"不"。如有需要，你可以解释这个说"不"挑战，甚至可以如上所言改变主意，但你必须先说"不"。接受说"不"挑战的人，大都对结果感到意外。结果没你想的那样糟糕，人们不会因此就讨厌你。你会发现，说"不"让你感到开心不已、能量倍增、切实可行，值得在日常生活中反复说。

虽然说"不"挑战直截了当，但这并不意味着说"不"很容易。有时候，你不能只是简单地说"不，谢谢"。下面这些场合，你需要温和而明确地应对。

• 某个友善的陌生人向你寻求建议或邀请你喝咖啡。

你很忙碌，于是，你可以说："谢谢。我真希望有时间接受这样的邀请，但我的日程安排很满，没有空。"

• 熟人邀请你参加社交活动，你能去就会去。

[①] 事先说明，我不希望你毁掉自己的生活。如果今天有人给你梦寐以求的工作邀请，请不要说"不"。如果你一直渴望结婚的那个人今天向你求婚，请不要说"不"。

"感谢你的邀请。下次一定和你参加这样的活动。"

• 朋友找你借钱或者邀请你投资他的生意。

"对不起，我不想把金钱和友谊混为一谈。"（坚持这个原则，说 "不" 会更容易，听上去也更容易接受，不过，你需要一以贯之。）

• 销售人员拼命向你推销你不想要的东西。

"谢谢，我不感兴趣。"如果他还坚持推销，你可以换个说法："我已经说'不'了，而且不会改变。"（现在就不必保持温和了。）

• 某人表达爱意，而你没有感觉。

"我的直觉说'不'。"如果他问为什么，你可以说，"就是本能的感觉，我一向听从我的直觉。"

职场中说 "不" 特别具有挑战性，尤其是在上下级之间。但你同样可以随时说 "不"，然后给出替代办法。

• 员工要求加薪或升职，但你认为他还不够格。

"我觉得还不行。这样吧，我们找个时间谈谈加薪 / 升职需要什么条件。"

• 你的老板交给你某项任务，但你已经忙得不可开交。

"我愿意去做，不过，我手头有其他几个项目要完成。我们要更改项目的优先顺序吗？"

或者，碰到下列情形，你也可以坦言相告，并请求原谅。

• 你的老板请你领导某个无聊的大项目，因为你具有很好的管理能力。

"谢谢您的赏识，不过，那肯定会是我的噩梦。我会束手无策的。有别的选择吗？"

为了避免说"是"，你可能想说善意的谎言，不过，只需少说，效果通常会更好。你不欠任何人解释。埃尔文·布鲁克斯·怀特（E.B. White）是《纽约客》杂志的明星记者，后来创作出《夏洛的网》《精灵小鼠弟》等获奖儿童作品。他有社交恐惧症，因而对各种邀请大都拒绝，但他的心理问题与其他人无关。为了躲避访客，他经常翻窗从消防通道溜走。他还擅长写下面这样的回信：

> 亲爱的亚当斯先生：
>   感谢你来信邀请我加入艾森豪威尔人文与科学委员会。我必须拒绝，原因保密。
>   你真诚的 E.B. 怀特

慷慨的边界：成功者不会回应所有求助

亚当·格兰特（Adam Grant）的畅销书《给予与获取》（*Give and Take*），其基本前提是："人分三种"（给予者、获取者、互利者）以及"成功者大都是给予者"这一研究发现。高收入、好成绩、高生产力、更快升职等都和慷慨相关，了解到这一点，你也许会感到惊奇和鼓舞。我也是。然而，你以为自己需要更多的给予，却忽视了关键的一点：格兰特研究发现，最不成功的人也可能是给予者。给予者更容易精疲力竭、工作落后，甚至会成为暴力犯罪的受害者或官司的原告。

位于成功阶梯顶端的给予者和位于成功阶梯底部的给予者，两者间存在一个关键的差异：如何处理慷慨的边界。格兰特指出："成功者不会想方设法随时回应所有人的所有求助。相反，他们把慷慨留给那些给予者和互利者，他们空出时间完成工作，他们帮助他人的方式，既能让自己充满力量，又能做出独特的贡献。"给予者不会说 "不"，就会过度给予，因而会被 "榨干"，容易成为机会主义者的猎物。为了团队的和谐，他们会与人为善，忍气吞声。即使精疲力竭，他们也不会通过说

"不"来减轻负荷，还会承担额外的负担，比如在"待做事项"清单中加入"反思日记"和"感恩日记"。

因为"表现好"，我们会得到父母、老师、教授和老板的表扬、感谢或高分等奖励，带来"多巴胺刺激"。但是，养成取悦他人的习惯，慢慢就会导致"不足症"：时间不足、睡眠不足、金钱不足、思考带宽不足。压力和疲惫甚至会让人暂时降低智商，偏爱不快的回忆，损害做出明智决策的能力。[14]这些后果并非局限于我们自身，研究表明，疲惫感最强的经理，其带领的团队业绩最差、效益最低。

我的学生们反思过自己为何不愿意说"不"，首要原因是他们要考虑他人的感受。但我们之所以不应该说却不断说"是"，还有其他的原因。其中一大原因是"错失恐惧症"（FOMO）。面对排他性的、限时的机会，"错失恐惧症"可能就会暴发。我因此浪费了大量的时间和金钱，不好意思，我可能还会继续如此。互利性也是常见的原因。如果我们说"是"，对方就会欠我们一个人情。这个原因还不算愚蠢，但具有相当强的交易性。最后，我们有很多人确实乐于助人。生活对我们友好，我们就想施以回报；生活给我们重大打击，我们也希望保护他人免遭同样的痛苦。善良值得钦佩，但如果我们等着他人来索取，那我们的慷慨就会被滥用。

说"不"挑战可以帮助你弄清楚要学会避免哪些自我强加的负担，还可以帮助你管理机会成本。如果你对这个说"是"，那就得对什么说"不"；如果你对这个说"不"，那就能对什么说"是"。

如果你不设定慷慨的边界，你的善良就会削弱你的力量，损害你的影响力。说"不"可以筑起极其重要的边界。不要让自己成为这样的人：戴着快乐的面具，内心却疲惫不堪，充满怨气。不要只是为了取悦某人而置自己内心的界限于不顾。

从你说"不"开始，一切都变了

　　随着我们更自在地说"不"，听到别人说"不"，我们也会变得更自在。从我们内行人的角度看，大多数情况下，拒绝都和请求者无关，而与我们非常相关。在最基础的层面，说"不"可以帮助我们照顾自己的需求，但说"不"还有一个潜在的益处：你暗示对方也可以说"不"。现在我们进入了共享空间，大家都是成年人，都以直率、坦诚的方式进行交流。我的一个学生是这样说的："我明白了，人们说出请求，并不是在向你施压，他们只是说出请求而已。他们知道你可能不会应允，你拒绝也没有关系。我过去觉得，我说出请求，就是生死攸关的问题，但现在我明白根本不是这样的。"

　　说"不"尽管具有种种益处，但也会造成痛苦，而我们又希望他人免遭痛苦。我们每个人都拥有被人拒绝的痛苦回忆，这是因为被人拒绝会带来痛苦——真实的痛苦。娜奥米·艾森伯格（Naomi Eisenberger）提出了一种理论：被人拒绝，会表现为身体疼痛。于是，她进行了一项实验，看看人们受到冷落后大脑会发生什么。如果你参加她的研究，你会躺进功能性磁共振（fMRI）扫描仪，然后和其他两位参与者玩一种简单的接球电子游戏。（如你所想，他们其实是艾森伯格研究团队的成员。）

这个三方接球"友谊赛"开始后，其他两位玩家不再把球抛给你，而是不断地相互抛球。你拼命地想加入这个游戏，却以失败告终。你不明白这是怎么回事。你为什么被冷落？此时，功能性磁共振扫描仪显示：大脑对这种感受的显示区域，与大脑对身体疼痛的显示区域相同——前扣带皮层（ACC）和右腹侧前额叶皮层（RVPFC）。就你的大脑而言，被排斥在游戏之外的感觉，完全和挨耳光一样。被人拒绝，是产生神经生物应激反应最容易、最可靠的方式之一：皮质醇水平、脉率和血压急剧升高。

被人拒绝，我们的身体会做出类似身体危险的反应，是因为拒绝曾将人类置于身体危险之中。对早期智人来说，被驱逐出部落，意味着必死无疑，因而必须不惜代价地避免被拒绝。学会和他人好好"玩耍"，是大脑最强大、最难忘的工具——疼痛——所强化出的一种生存机制。这种对迫近灾难的强大的早期预警，使我们在事情失控之前能够采取矫正措施。

但正如我们通过锻炼肌肉来增强力量，我们也可以通过面对拒绝来训练自己的勇气。大学期间，有个暑假我做了这个世界上最无聊的一种工作：上门推销。我为一家名为"学生团体"的小公司工作，在科罗拉多州丹佛市郊区推销干洗优惠券。这家公司的老板是一位中年推销员，名叫杰克，他开着他的面包车，拉着我们到处跑。他和我们击掌，然后把我们丢下车，几个小时后在约定的会合地点接我们。我们的目标，是在日落之前尽量敲开更多人家的门。

第一天上班之前的那个晚上，我难以入眠。在人生的那个时刻，我不再认为自己是一个羞怯的人，但一想到要敲开陌生人的家门，让他们掏钱，我还是感到非常胆怯。杰克说我每小时应该完成 10 单，"越多越好！"我给自己定的销售目标要谦虚得多：只要不死于羞怯和难堪就行！

面包车把我放下，开走了。我跑向第一家敲门，开门的是一位梳着马尾辫、面容和蔼的女士。"您好，"我问候道，然后展开杰克教我们的那些套话，"我是'学生团体'公司的佐伊，我们这些学生在赚钱交学费。"我给她讲解了优惠券的用法，她很礼貌地听着，然后说："不，谢谢。"因为她根本不会去干洗店。根据杰克对我们的辅导，面对这种情况，我们要请求她为我们的大学基金捐款，我照做了。她礼貌地拒绝了，说她要去吃饭了，随后关上了房门。

我站在门廊里，深吸了一口气。就在刚才，我请求一个完全陌生的人掏钱，听到了"不"，看见她当着我的面关上了房门。也不过如此。快步走向下一家时，我感到轻松。我没有死！成功！而且交谈得很友好、礼貌——可以说非常愉快。我直面了自己最大的恐惧，活了下来，开怀大笑。我成了"销售拒绝俱乐部"的正式会员，但我不觉得自己是失败者，而是感觉浑身有力。到了当天晚上，我销售了十几单，口袋里装满了钱。

上门推销的成功，让我学到了一个最大的教训，也是学生现在从我的课上学到的教训："不"并不致命。消除了对"不"的恐惧，我的舒适区得到扩展，说出请求的语境也越来越多。为了竞选活动，我敲开人家的房门；我给陌生人打电话募捐；我甚至走向魅力非凡的人，邀请他们外出聚会。对于这些请求，我得到的反应通常都是负面的。然而，练习在"低风险"的情形下听人说"不"，要说出更为重要的请求时，我就会感到更自在。无关紧要的拒绝可以让你对令人惊呆的拒绝恐惧产生免疫力。

蒋甲（Jia Jiang）从杜克大学获得 MBA 学位时，他想成为一位企业家。然而，同我们很多人一样，他害怕别人说"不"，因而一直止步不前。为了直面这种恐惧，他开始做视频播客，名叫"拒绝疗法 100 天"（100 Days of Rejection Therapy）。他的这些视频大受欢迎，内容怪诞不经，记录了他每天向陌生人提出的怪诞请求：用开市客（Costco）超市的员工对讲机讲话，在 AF 时装店做现场模特，从动物保护协会借一只狗。我非常喜欢蒋甲的这些拒绝挑战，我甚至邀请我的学生们照做。他对拒绝的耐受力和脆弱性表明：即使是最尴尬的场合，也可以变得快乐而且好玩。

我最喜欢的视频，发生在得克萨斯州奥斯汀市的 KK 甜甜圈店。蒋甲走进店里，要点带奥运五环标志的甜甜圈，并且做好了被拒绝的心理准备。[15]站在收银台后面的是一位金发女士，她推了推眼镜，说："你多久要？"

"15 分钟。"（他故意找碴儿，就想被拒绝。）

但这位店员——名叫杰姬——不是告诉他不可能，而是开始思考怎么做。"奥运标志有哪几种颜色？"15 分钟后，杰姬为蒋甲做出了独一无二的甜甜圈，手雕的圆圈与奥运五环一模一样。当蒋甲伸手掏钱包时，她说："我请你吧。"

虽然我经常目睹这种情形，但我还是感到惊讶：就因为有人请求，陌生人竟然会竭尽全力地提供帮助。蒋甲说出这个疯狂的请求时，他的内心逻辑是：这个请求很难被满足，而且有失礼貌。杰姬本来可以说

"不"——店里不制作奥运五环标志的甜甜圈，谁也无权点——但她喜欢这个挑战。为什么不呢？

如果喜欢，你可以尝试蒋甲的这些挑战，也可以自己创新挑战。有时候——比你想的更普遍——尽管你尽了最大的努力，依然会挑战失败，被人拒绝，但你会发现自己应对拒绝的能力不断增强。我们拥有"应激免疫系统"[16]，因此，只要恐惧不会造成严重伤害，经常面对恐惧，我们对应激就会产生免疫力。研究人员将老鼠放进一个大的空箱子，以模拟猎食者可以俯冲而下的开阔场地。起初，老鼠大便失禁，应激激素飙升，惊恐得无力动弹。等到能够移动时，它们也是沿着箱子边角躲闪着走。但如果每天都把它们放进同一个箱子，很快它们就适应了这种应激，不再害怕得僵直不动、大便失禁；在箱子中央放入新的玩具，它们还会上前查看。它们的身体依然会释放应激激素，但这种应激是可控的。

高空跳伞也是如此。初次跳伞之前，新手都怕得要命，他们的应激激素可以表明这一点。（亚历克斯让我集中注意力小步移动之前，我敢保证我的应激激素也在飙升。）然而，等到第三次跳伞时，跳伞者的激素应激水平就和碰上交通堵塞时相当。有关优秀运动员等所谓"硬汉"的多项研究发现，他们的身体通过释放大量的应激激素来适应应激物，这些激素来时迅猛，但很快消失。这可以解释那些从事股票交易等高压工作的人为何会日复一日地去上班。令人痛苦的股市暴跌之日，也只是平常的上班之日。

如果我们把"不"当成社交拒绝信号，那听见"不"就会痛苦，也很难说出"不"。我们几乎不想对人亲口说"不"，也不想听人说"不"。

很多经验丰富的有影响力的人听见"不"，已经学会将它理解为"只是现在'不'，只是对这个'不'"，除非被以其他方式告知。最成功的销售人员听见"不"后，会再回去联系六七次[17]。对此，你也许会心想：我可不想那样讨人厌！但如果他们讨人厌，就不会如此成功。你碰到过那种"讨人厌"的推销人员吧？他们不太成功，谁也不愿意和他们交谈六七次。

最优秀的推销人员都是关系建立高手，客户愿意一次次地和他们做生意。如果你说"不"，他们会请求你允许未来再联系你。对此，如果你说"不"，他们就不会再打扰你。他们尊重你，即使这次你没有说"是"，你也喜欢和他们互动。想到典型的推销员模样时，你脑海里不会涌现他们的样子，因为同销售大师互动不会有交易的感觉，你觉得就好像是在和朋友交谈。事实的确如此。

给我介绍蒋甲的是一名本科生，名叫戴维斯·阮。他很文静、友善，看重影响力，因为他清楚没有影响力会是什么样子的。他目睹过他的母亲在语言不通的国家乞讨食物，于是，他下定决心，一定要出人头地、挣钱养家。他不是通过提出好玩而愚蠢的请求来训练被拒绝，而是决定通过被拒绝实现自己的远大梦想。

戴维斯挑战自己，每天联系一位心中的英雄，告诉他们自己欣赏他们什么，然后问："我能帮忙吗？"他以为他们会说："你在骚扰我，请不要再发电子邮件了。"但谁也没有这样说。有人提出想为蒋甲的博客写一篇客座博文，蒋甲同意了；还有一位作家答应了他的演讲邀请。大多数人没有任何回应，或者只是礼貌地回复说："不，谢谢。"戴维斯对拒绝越来越适应，但他还是会对联系苏珊·凯恩（Susan Cain）感到非常恐惧。苏珊是这个世界上他最崇敬的人之一，写过一本关于内向力量的、荣登《纽约时报》畅销书排行榜长达七年之久的畅销书（《安静：
内向性格的竞争力》），做过 TED 有史以来观看量最多的演讲之一，但
她一直很低调、谦逊。她是真正的榜样！

戴维斯听说，苏珊考虑为内向者开发一个公众演讲线上课程，他认
定时机来了。成功的可能性虽然小，但戴维斯已经开发出名叫 "为谦逊
者讲话" 的系列公众演讲研讨课，也许苏珊用得着。他联系苏珊，主动
提出免费为她的课程制作大纲、开发和推广——只要她需要，任何事情
都行。一个月后才收到回音，经过电话长谈和面试后，苏珊同意让戴
维斯做暑期志愿实习生。他投身于这份工作，并获得了成功。暑期结
束时，苏珊让戴维斯大吃一惊，不但给他支付了工作报酬，还邀请他
第二年暑期回去工作。他们继续合作，甚至她播客的第一期还采访了
戴维斯。

苏珊成了戴维斯的导师。她邀请他毕业后回去全职工作，简直是梦
想成真。他喜欢她，也喜欢和她共事。但你知道他怎么回答？ "不，谢
谢您。" 戴维斯有了别的梦想的工作机会——并且苏珊鼓励他去做。他
们一直是好朋友。

你可能想对这个 "24 小时说 '不' 挑战" 说 "不"，这完全没关
系，你可以对本书的任何观点说 "不"。你说了算。也许，你需要一个
更为艰巨的挑战。要获得自由，也许你需要更主动地说更重大的 "不"，
也许你需要对自己做出的某个承诺或允诺说 "不"。请记住：你可以改
变自己的主意，可以改错。你不必 "言出必行"，如果它让你受到束缚，
心力交瘁。也许你需要对能量 "吸血鬼" 说 "不"：某个工作，某段关
系，或者你已经厌倦保守的某个秘密。也许你可以对某种内疚、羞愧

或正义说"不"。也许你可以从某种社会规范或自己的某个伟大想法中解放出来。某个想法，不必你自己产生，也不必上大学才能培育。说"不"，就是在捍卫你决定自己生活方式这一基本人权。

你还会开启某种神秘力量。学会说"不"之后，听见别人说"不"，你的心态就会更开放，因此，你的请求就不再带有让人反感的强求感和恐惧感，而会变成让人自在的邀请。此时，你说出请求，人们就更容易说"是"。清楚自己的"参数"，并自在地建立这些"参数"，你就能传达出自信，激发出信任感，相关各方都会感觉更放松、更自由，能更开放地接纳影响力的互惠性。

影响力奏效的开关：说出你的请求

研讨课刚一开始，我从钱包里掏出一张 20 美元的纸币。

"今天下午，我要送出 20 美元。谁想说服我送给他？这可是真钱。"一阵笑声过后，有人自告奋勇举起手。我走过去，等待着。

她露出尴尬的笑容，闲聊了一会儿，然后解释她为何应该得到这 20 美元。她需要一个手机充电器。她要句联合国儿童基金会捐款。她要给我买鲜花。

"我相信你。"我回答道。然后，我们就等着。她这会儿不知道该做什么。她已经说服了我，但钱还在我手里。最后，我转向房间里的其他人："她还没有做什么？"

"她没有说出请求。"

你也许会奇怪，在此情形下，那些主动举手的人常常认为自己已经表达了要钱的请求，而事实上他们并没有。我不会把钱交出去，直到他们最后说："请把这 20 美元给我，好吗？""我能得到这笔钱吗？"

连同说"不"，说出请求是提升影响力的最简单的方法。要更经常、更直接、更多地表达请求。说出自己需求的人，成绩会更好，更容易获得加薪和升职，工作机会更多，甚至性高潮也会更多[18]。这似乎是显而易见的，但事实上并非如此。

大多数人并没有意识到自己经常没有说出请求，直到他们开始更经常地说出请求。我们的 MBA 课程结束时，学生们分享最大的收获——我们一起做了那么多事情——最普遍的回答是"说出请求"。这种认知来源于实践。如果你不确定该如何说出请求，怎么办呢？那就问对方。我是认真的。最简单、最出人意料的影响力之道是：你问人们如何影响他们，他们往往就会告诉你。

我们中大多数人不愿意说出请求，是因为我们从根本上误解了请求心理，低估了请求成功的可能性。在一项系列实验中，员工宁愿交出平庸的工作成果，也不愿请求延长期限，担心这样做上司会认为他们能力不足。但他们恰恰想反了：在上司看来，请求延期是有能力和积极性的好迹象。

在另一项系列实验中，弗兰克·弗林（Frank Flynn）和瓦内萨·博恩斯（Vanessa Bohns）要求参与者走到陌生人面前请求帮助——填写 10 页纸的调查问卷，陪同他们去校园里某个偏僻的建筑，等等。说出请求之前，参与者要预测自己需要求助多少个陌生人最终才有人说"是"。弗林和博恩斯一次次地发现，陌生人出人意料地愿意提供帮助。平均而言，愿意提供帮助的陌生人人数要比参与者预计的多 2～3 倍。[19]

当我们像蒋甲在 KK 甜甜圈店里那样说出请求时，我们总是想着各种"障碍"——说"是"会给对方的生活添麻烦。然而，被请求者所关注的，往往是说"不"有多困难。请求者关注帮助的代价，却忽略了其潜在的益处。神经学家已经发现，慷慨可以激发大脑的奖赏回路，触发助人者大脑释放大量的多巴胺。那种感觉，你是知道的。你帮助某人，他心存感激，你感觉非常棒。大量研究表明，志愿者比非志愿者更快乐，更健康。人们花钱帮助他人，比花在自己身上的感觉更好。

慷慨与快乐之间的联系根深蒂固，而且很早就开始了。在一项实验中，研究人员揭示了蹒跚学步的婴儿表达快乐的秘密：得到或赠送金鱼饼干。得到美味的金鱼饼干，他们很开心；将研究人员的金鱼饼干送给他人，他们更开心；将自己的金鱼饼干送给他人，他们最开心。我们不能想当然地认为慷慨一定会带来益处，有时候代价会超过益处。但其益处是真实的，如果我们不说出请求，我们就限制了这个世界的潜在快乐——不只是我们自己的快乐。如果你不敢说出请求，是因为想讨人喜欢，那就这样想：不给他人对你说"是"的机会，就是不给他人获得快乐的机会。要知道，愿意说"是"的人，要比你认为的更多。

正如我们见过的"20 美元纸币"实验，你也需要更直接地说出请求。有时候，你认为自己是在请求，但更可能你只是在暗示。直率行为的标准会因性别、行业和文化的不同而有所差异，还取决于关系的亲密程度以及具体情景的力量关系。如果你贸然地、过于直接地说出请求，可能就会被视为粗鲁之举。但如果你过于隐晦，那你的希望和梦想就不会被人注意。谁也不会读心术。事实上，人们也不想读心，他们的心思都在关注自己的希望和梦想上。

那应该多直接呢？你可以先不那么直接，如果对方没有任何反应，再更直接地说出请求。也可以采用我称为"软请求"的假设性问题（我们将在第6章深入探讨），比如："你觉得……？"等对方告诉你他的感受之后，你就知道是否应该继续请求。

除了请求得不够频繁、不够直接，你可能还请求得不够过分。你为什么不考虑说一些过分的请求？你永远无法知道对方认为什么请求才会过分，即使对方说"不"，这些过分的请求最终也会有利于你。[20]

1975年，著名的影响力专家罗伯特·西奥迪尼做了一项实验，名叫"少年犯游动物园"研究。他的助手找到亚利桑那州立大学校园里的路人，请求他们做志愿者，监护当地的少年犯去动物园游览两个小时。17%的路人当场就表示同意。（人们的善良，总是让我感到惊喜。）这个请求并不过分。研究助手请求其他路人去当地少年犯管护中心做志愿者，每周两个小时，为期至少两年。对于这个请求，路人都予以拒绝，接着研究助手请求他们监护少年犯游览动物园。先被提出过分请求的那些路人答应去动物园的人数，要比只被请求去动物园的路人多三倍①。

人们对大请求说"不"之后更容易答应小请求，这有两个原因：相对性和互利性。监护一群不良少年去游览动物园，这可能是一项相当重大的责任，但较之于今后两年每周去陪护他们两个小时来说不值一提。这就是相对性。当你放弃过分的请求，然后说出较小

---

① 2020年，奥利弗·根肖（Oliver Genschow）在科隆大学复制了这个"少年犯游动物园"研究，得出了相似的结果。不过，这次有9%的路人答应做两年志愿者这个过分的请求，再次证明人们是多么善良。

的请求时，对方就会认为这是你的让步之举，因而更容易答应这个小请求。有关谈判的研究表明，人们更喜欢对方做出让步的谈判结果：你做出让步，他们会更喜欢你；获得让步，他们自我感觉会更好。

说出请求（以及说出大请求或过分请求）的最大理由是：如果你不说出请求，你永远不知道人们会答应什么。你可以说出大请求，留出让步空间，你会发现对方立刻就会答应。即使我的学生们故意想被拒绝，他们得到的肯定回答也约占三分之一。

打算求助时，你可以考虑向男士求助。我们往往想当然地向女士求助，因而低估了男士的善意。"鲨鱼"奥尼尔的慷慨大方尽人皆知。他告诉吉米·金美尔："去餐馆吃饭，我给的小费很多。我喜欢向人们表达我的感激之情。因此，服务员过来点餐时，我说：'我点的菜上得越快，你的小费就越多。'当我们准备离开餐馆时，我会问他：'你想要多少小费？'"

要得最多的小费是多少？4000美元。

对此，他是怎么说的呢？"好的，没问题。"

说出请求

第 **4** 章

打造个人魅力，扩大你的影响力

　　我问人们，他们想提升哪种影响力技能，最常见的回答是："个人魅力。"我请他们加以定义，他们告诉我说："就是人们会关注你。""就是你拥有很强的存在感。"

　　但人们为什么会关注那些富有魅力的人呢？他们做了什么呢？根据词典的定义，个人魅力是指"能激发他人崇拜之情的强烈的吸引力或魔力"，但作为一种影响力工具，这种定义极为含混不清。没错，个人魅力能让人关注你，但并非任何关注都是个人魅力。某人穿着内衣跑过办公室，你不会说此人富有个人魅力。

　　想方设法想成为人们注意力焦点的人，只会招人厌烦。

　　这也被我称为——**个人魅力的孪生悖论。**

个人魅力悖论 1：越想展现魅力，越没魅力

大多数时候，我们大多数人并不会有意地想成为注意力焦点。但我们会无意地掉入陷阱，以反魅力的方式关注自己。我们来放松一下，做个练习。

下面排列的这些群体，你猜哪些人会更常说"我"？

领导还是下属？

老年人还是年轻人？

富人还是穷人？

快乐者还是抑郁者？

愤怒者还是恐惧者？

优等生还是差等生？

男人还是女人？

通过分析正式和非正式的谈话、发言、电子邮件和书面文档，结果发现：后者往往更常使用"我"和其他第一人称，而且差异很明显。[21] 这项研究的开创者是社会心理学家詹姆斯·彭尼贝克（James Pennebaker），他在《代词的秘密》（*The Secret Life of Pronouns*）一书中描述了这项研究工作。他发现，权力小或地位低的人往往更常使用自我指涉性语言。有时候，这种差异具有现实基础——下属要接受领导的命令，穷人的权力比富人小。更准确地说，这种无意识的语言模式来源于有无个人权力感。

针对奥斯卡获奖感言的分析表明：演员比导演更常使用第一人称代词。如果你是奥斯卡获奖演员，地位也不低，但导演仍是你的老板。人称代词使用情况与地位之间的这种关系，并非英语所独有。彭尼贝克发现，同样的模式也存在于伊拉克底层官员写给上司的阿拉伯语信件中。缺乏权力、地位或力量的人，往往会关注自身的经历："我……""我的……"（"I""me""my""mine"）。

你可能认为，某人关注自己时，说话会显得自恋、自夸或自我膨胀。但事实却往往相反。总是关注自己，这通常源于缺乏安全感。你感到脆弱的时候，就会情不自禁地向内引导你的注意力。此外，你可能也没意识到：经常使用第一人称，会泄露你的心理状态。

回想你身体脆弱的某个时刻——疼痛、生病、饥饿或寒冷时。深陷某个你拼命想逃离的处境时，你的有意识注意力（"法官"）会专注于你的当下体验。你心里会说：救命，我病了，我胳膊疼。如果你所处的艰难处境占据了你所有的大脑空间，这反映在你对代词的无意识（"鳄鱼"）使用上也就不足为怪了。这种自我关注也适用于焦虑、抑郁等情绪痛苦。

彭尼贝克及其同事对患有抑郁症的大学生的作文代词选用情况进行了分析，结果发现：这些学生的作文使用了很多代词"我"。他们的自我指涉性语言不是源自某种固定的人格特质，只不过是反映了他们的心理状态，而这当然是可以改变的。在这项研究中，彭尼贝克发现，那些曾经但现在不再抑郁的学生使用代词"我"的频率会降低。归根结底，当你感觉身体或情绪虚弱的时候，你很难摆脱自我关注，因而也就很难在他人面前"完全在场"，或者说很难拥有个人魅力。

第一人称代词并非我们用作注意力回旋镖（关注焦点回到自己身上）的唯一词汇，谦语（diminishers）——试图讨好的谦恭之词——也具有这种作用。这相当于小狗翻滚露出自己的肚子或颈部。在权力或地位不相称的情形下，我们往往会使用谦语；如果我们处于弱势地位——当我们感觉自己的安全或幸福取决于对方的喜欢时——那我们使用谦语的频率往往会更高。地位更高的人，不需要在乎他人的想法；不过，有的人也会在乎，为了避免被认为傲慢或操控他人而使用谦语。

在交谈中，谦语听上去是什么样的呢？"我想知道……""我想也许是……""我能问个愚蠢的问题吗？""对不起，不过我……"（这里也多用代词"我"。）谦语表达的是小心谨慎和模棱两可，比如"某种""之类""似乎""一般而言""或多或少""可能是"。有时候，你会听见语调升高的谦语——将陈述句变为疑问句，谦恭、友善而欢快。你懂我的意思吗？

"我很抱歉"（I'm sorry）作为谦语被过度使用，喜剧演员艾米·舒默（Amy Schumer）甚至创作了一个短剧来讽刺它。有一个女性专家小组，成员不停地为各种事情抱歉，因而事实上无法展开讨论：抱歉，话筒有回响；抱歉，我打断了你的话；抱歉，我清了清嗓子；抱歉，我纠正了你对我名字的发音；抱歉，我太摆谱了，我对那种苏打水过敏，因而要了白水。有人不小心将滚烫的咖啡洒在了一位专家的腿上，这位专家为自己的腿被烫伤而抱歉，此时，"抱歉"表演达到了高潮。观看这个"抱歉"剧，既让人开心，又让人痛苦，因为我们很多人都会感同身受。

谁也不会因为你谦恭而讨厌你，但他们也不会喜欢你。谦语犹如回旋镖，不断地将注意力带回你自己的身上。谦语很难听懂，容易被打断，而且极为普遍。就连语言和权力专家詹姆斯·彭尼贝克也发现，他发给上级的电子邮件就显得过于谦恭。

他注意到这一点，是因为他要求得克萨斯大学他所在的系里的几位同事搬离办公室。在请求一位社会地位较高的同事时，彭尼贝克在电子邮件中写道："我一直不想这样做，但我认为我也许需要请求你，是否愿意放弃你的办公室？"一个句子里有三个代词"我"，你能够感受到其中的谦恭效果。你也能够意识到，有人这样写信、这样说话是多么令人难懂。这种交流需要额外"解码"。彭尼贝克肯定感觉不舒服，但他真正想说什么呢？他是在表达请求，还是在说他未来某个时刻可能要请求他搬离？

你可能注意到，不只是说话和写信，你听人说话时往往也会关注自己。我们每个人都会如此。我的脑子一会儿在想"我什么时候有过类似的经历"，一会儿在想"我接下来该说些什么呢"。就算你努力听人说话也不太管用。我努力地听人说话，结果我的脑子又开始想：我怎样显得我在倾听呢？他希望我怎样回应呢？我该怎样表现出共鸣？我能帮什么忙呢？都是"我""我""我"。

即使心怀同情（在乎对方，所以想表现出自己是好的倾听者），也会使用很多代词"我"。喜剧演员敏迪·卡灵（Mindy Kaling）有一个搞笑的段子，讲起派对上碰到某个人的场景，她强迫症似的努力把注意力集中于对方。"我不认为他有趣。我不想继续聊下去。但对我来说，这个世界上最糟糕的事情，就是让对方认为我认为他很无趣或我想以某种方式摆脱交谈……这样，这个人离开派对时就可以告诉他的伴侣：敏迪·卡灵迷上我了，她和我交谈了两个小时。"

　　听人说话时，我们的意识（"法官"）会问：对方感觉如何？他会怎么想？而我们的无意识（"鳄鱼"）会问：他对我感觉如何？他会怎么想我？战胜这种困难的方式之一，是找到某些深度倾听的方法（我们将在第 6 章加以谈论）。

　　与此同时，如果你想减少使用谦语，那就要知道：大部分谦语都可直接省略，只需直截了当地说。詹姆斯·彭尼贝克向研究生传达搬离办公室这一信息时，他觉得无须使用谦语。他直接写道："你愿意搬离办公室吗？"敏迪·卡灵知道，她在派对上可以直言相告并且保持个人魅力："你可以简单说，见到你很高兴，但我要去认识其他人。"

　　这种语言使用的核心反映出焦点的转换。我们已经明白，关注自己是有损个人魅力的：当你总是关注自己时，谁还能与你结交呢？要解决这个问题，虽然不太容易，但也简单。将你的注意力焦点转向对方，就像下面这样。

谦语	问题所在	解决办法
"我也许是错的，不过……" "好像有点儿……" "这只是我的想法。"	你可以对事实或未来不确定，但如果你的自我表达方式模棱两可，人们就会走神。你随时都会犯错，人们早就知道这一点。	向对方提问："是否可以……？" "如果……？" 或者激发对方的好奇心："这儿有个疯狂的想法。"
"我刚才想让你知道……" "我刚才在想……" "我刚才认为也许是……"	你的注意力放在了自己身上，使用了过去时态，语意混乱，让人很难听懂。	将注意力焦点转向对方，使用将来时态，语意就会清晰起来。不要说："我刚才在想你是否愿意……？" 要说："你愿意……？"
"我很抱歉，迟到了。" "我很抱歉，打断了你的话。" "我非常抱歉，听见你这么说。"	"我很抱歉"，意味着你觉得不好意思，因此，你这是在请对方关注你的感受，而你本该关注对方的感受。	"感谢你耐心等待。" "请原谅，打断了你的话。" "太糟糕了。"

个人魅力悖论 2：关注他人，他人就会关注你

个人魅力悖论 2（与悖论 1 正好相反）：关注他人，他人就会关注你。

你的注意力集中在对方身上，对方就会感到被重视和被理解。他可以判断你是全身心地"在场"，这会带来很明显的区别。有关心灵"在场"教导的重心就是消融自我或逃离自我的陷阱。教授舞台表演的大师也是采用这个原则。我是从马丁·伯曼（Martin Berman）身上学到这一课的。他是一位职业演员，可以展现奇迹般的表演，只需要和他一起解说某场戏，他就可以让任何人发挥出奥斯卡级别的表演。他教给学生们的秘诀很简单：永远记住，舞台上最重要的那个人是其他演员。

据说，很多极具个人魅力的人会让你觉得此刻的你是世界上最重要的人。有位去加州圣昆廷单独面见查尔斯·曼森（Charles Manson）的访客说了类似的话："与极富感染力的人见面，他常常会对你非常感兴趣。"他说，曼森让他感觉他是房间里唯一的交谈对象（他确实是，你知道我是什么意思）。

拥有魅力的关键：把焦点转向对方

要把焦点从自己身上转向对方，有一个简单的办法：提问。你可以用问题代替谦语，也可以让对方谈论他自己。我们都知道人们喜欢谈论自己，可是你知道吗？我们太喜欢谈论自己，甚至愿意掏钱与陌生人分享琐事。神经学家戴安娜·塔米尔（Diana Tamir）研究了自我表露的快乐，她发现：谈论自己时被激活的脑区，与金钱、性和巧克力激活的脑区是相同的。这就解释了我们为什么喜欢那些问我们问题的人。在这个系列研究中，人们可以选择有偿回答有关他人的问题，也可以选择免费回答有关自己的问题。这些问题虽然都是一些寻常琐事，但回答有关自己的问题的感觉太美妙，人们甚至选择放弃相当于自己薪水20%的金钱，就为了让对方知道自己喜欢滑雪板运动，讨厌比萨上放蘑菇。

我们喜欢谈论自己，因此，我们喜欢邀请和我们谈论自己的人。艾莉森·伍德·布鲁克斯（Alison Wood Brooks）和她的同事们发现：人们在相互了解的时候，问得越多的人越招人喜欢；快速约会时，问得越多的人越有机会再次约会。如果某些问题是追问性问题，提问者甚至会更招人喜欢，因为对方认为这种问题表明他非常感兴趣。值得注意的是，偷听者不会更喜欢提问者——只有回答问题的人才会。

这种喜欢会升温为亲密关系吗？亚瑟·阿伦（Arthur Aron）和伊莱恩·阿伦（Elaine Aron）设计了一项研究：参与者配对轮流问对方 36 个问题。起初的问题很简单，比如："你想邀请谁共赴晚宴？"然后逐渐过渡到更私人性的问题，比如："你上次哭泣是什么时候？"最后，实验结束时，每个人都将注意力集中在对方身上，不再问任何问题。他们彼此对视四分钟，不说话，只关注。据说，其中有一对结婚了。

你不必这样深入。你可以提醒自己：要多提及对方的名字，以此将注意力焦点外移。首先，这样做可以暗示你的潜意识：不要谈论我，要谈论对方。其次，这样做还可以吸引对方的注意力。毕竟，听到自己的名字，我们就能够从睡意中清醒过来。早在 1938 年，戴尔·卡耐基（Dale Carnegie）就在他的经典之作《人性的弱点》（*How to Win Friends and Influence People*）中建议我们多提及对方的名字；神经学也已经证实：你的名字是一种独特的标志，可以激活你大脑的自我指涉区域 [22]——**那是我。他在关注我**！

每次交谈，我楼上的邻居凯文都会不断地提及对方的名字，此时，我就会想起戴尔·卡耐基。"嘿，佐伊。最近怎么样，佐伊？"他是一名验光师，似乎认识小城里的每一个人。我们都称他为"萨默维尔市市长"，见到他，我们总是很高兴。尽管他提及名字这一习惯有些奇怪，尽管我们为此取笑过他，但这一招很管用。我们都喜欢他，部分原因是我们觉得他喜欢我们。不管你问谁，人们都会说：凯文很友善、开朗、有趣，很有个人魅力。

拥有魅力，并不需要你友善（当然，可以既友善又有魅力）。拥有魅力，并不意味着你不能谈论自己。有关代词"我"的研究可以帮助你发现线索，知道什么时候你可能在关注自己的魅力，但你不必走极端，将代词"我"从你的词汇中清除。只将这个洞见作为考虑的线索，不时地想想：谁应该是你关注的焦点。做出选择后，就将注意力从自己身上移走。

注意说话时的嗓音与音调

　　2015 年，美国硅谷生物技术宠儿、Theranos 血液检测公司创始人伊丽莎白·霍尔姆斯（Elizabeth Holmes）成为女性权力的标志人物。年仅 31 岁的她被《福布斯》誉为全球最年轻的白手起家的亿万富豪。霍尔姆斯很聪明，富有吸引力，坚韧强悍，她向其他年轻女性展现了如何在竞争激烈的男性统治下的初创科技领域获得成功。直到约翰·卡雷鲁（John Carreyrou）揭开她的秘密：Theranos 承诺血液检测可以改善全球健康，但这一切全都是谎言和骗局。霍尔姆斯对投资人撒谎，对董事会撒谎，对电视媒体和公众撒谎。事后看来，是什么泄露了这个秘密呢？

　　公众舆论聚焦于一面示警红旗：伊丽莎白·霍尔姆斯说话的声音。这个年轻的、苗条的金发女郎，说话听上去更像是每天抽一包香烟的老人。女人说话嗓音这样低沉，肯定不会有人相信。很多证人站出来说，他们知道她的"真实"嗓音：音调更高，更女性化。

　　英国前首相玛格丽特·撒切尔政务繁忙，但仍找人指导，让自己的嗓音变得低沉。霍尔姆斯和撒切尔都不是傻子，各种研究结果均已表明：说话者音调越低沉，听者会认为他越强大，越能干，越有吸引力，越强势，越可能是优秀的领导者。不过，关于为什么嗓音越低沉影响力越强，我想伊丽莎白·霍尔姆斯、玛格丽特·撒切尔和其他学过降低嗓音来提升影响力的人都误解了非常重要的一点。

你注意过吗？当你全身紧张、自我意识强的时候，你的肩膀就会向下耷拉，双手保护性地交叉在胸前。这当然会影响人们对你的视觉印象，让你显得不够自信，但从影响力角度来看，这同样会影响你说的话听上去的效果。紧张的时候，我们往往还会收缩喉咙、提高说话音调或者发出让某些人难受的嘎裂声或气泡音。说话音调高，收紧喉咙，与恐惧或紧张有关系，因此，这样说话缺乏说服力就不足为怪了。自然的低音调的说话声音，效果则相反：这是自信的表现。它需要你放松喉咙和横膈膜，这一点，你在受到威胁时是根本无法做到的。自然的低音调是自信的、令人舒服的嗓音，让你听上去更"在场"，人们也更容易关注你。男女都是如此。

稍经练习，**以自然的低音调说话**，也可以帮助你感觉更"在场"。不过，同任何新的行为一样，这样说话起初可能会让人觉得奇怪。你可以先从电话练习开始，这样你就可以站立或躺下，只要感觉舒服就行。闭上双眼也有帮助。稍微降低语速。如果这样练习有些尴尬，那就先找陌生人练习，然后再找朋友练习。要留意人们对你说的话是否更敞开心扉。我还记得，我第一次意识到这一点，是我当时的搭档第一次对我说："我可以听你说几个小时。"

演员、歌者、舞者和其他表演者会采用姿势训练，通过释放身体的紧张度来帮助放松嗓音。你只需这样做：站立身体，闭上双眼，双手侧放，然后想象有一根无形的丝线连着你的胸骨，向上直通云霄。然后，缓缓地深呼吸几次，同时想象这根丝线被轻轻地拔掉。双肩轻柔地向后仰。你的胸腔开始膨胀，双手变得沉重。体验你身体的这种感觉。这种放松的、开放的姿势有助于你"解放"嗓音，发出自然的音调。你甚至会发现：放开姿势，放松嗓音，也更容易扔掉那些谦语。你的外表和声音会更有个人魅力，人们也会更容易关注你。

聚光灯下的个人魅力

我和 100 多名粉丝拥挤在 3121 俱乐部里，品味着梦想即将成真的期待感。从小学开始，我就崇拜"王子"普林斯，一直梦想观看他的现场音乐会。鼓点响起，这位传奇音乐家身着长长的缎面夹克和厚底高跟鞋，漫步走过舞台。他双手握住麦克风，停顿了一会儿，（我敢肯定）盯着我的眼睛。他唱起了开场曲的第一句歌词："趁我们还没开始，我们是否都孤身一人？"

我抓住我朋友的胳膊。"我要晕倒了。"

我说这话时，另一旁的那位女士突然摔倒在地，失去了意识。我从抬走她的救护人员口中得知，在普林斯的音乐会上，有人晕倒并不少见，因为他太有个人魅力，让某些人难以招架。

然而，事情并非一向如此。事实上，在他"起飞"前，他因为缺乏个人魅力而差点儿葬送了自己的演艺生涯。业内人士都认为年轻的普林斯·罗杰斯·内尔森（Prince Rogers Nelson）是才华横溢的音乐家，但谁都不知道如何处理他那糟糕的表演风格。他似乎很喜欢背对观众，就连在演唱间歇讲话，听上去也像是喃喃自语。1979 年，华纳兄弟公司的星探们参加了他的第二场个人演唱会，随后把他签给了唱片公司，但拒绝带他巡回演出。

当普林斯的单曲《我想做你的爱人》登顶每周唱片排行榜而且依然没有巡回演出时，"乡土爵士乐之王"瑞克·詹姆斯（Rick James）邀请这位冉冉升起的艺术家加入他的巡回演出做开场表演。瑞克·詹姆斯回忆说，普林斯穿着战壕风衣和灯笼裤登上舞台时，"那些观众喝起倒彩，要嘘死他"。

但普林斯不愿意就此放弃。他每天坚持练习乐器数小时才获得了现在的音乐能力，他开始用同样的方法练习舞台表演技巧。普林斯研究瑞克·詹姆斯和他仰慕的其他表演者，小心留意每一个单词和每一个姿势。他改变了身体移动的方式，最重要的是，他学会了将注意力集中于观众身上。他反复练习这些东西，直到它们成为自己的一种习惯。他讲故事，提出问题，对观众大声叫喊，回应观众。巡回演出结束时，普林斯脱胎换骨，观众也大为吃惊。瑞克·詹姆斯承认说他嫉妒普林斯。个人魅力不在于你本人如何，而在于你的言行如何 [23]；调整与人互动的方式，就可以提升你的个人魅力。

我们已经讨论了某些作用于一对一互动的工具，现在我们来看看一些适用于包括公众演讲在内的、让大多数人都感到恐惧的公众表演工具 [24]。作为老师，我最甜蜜的时刻是看见学生们做出小小的调整就能在舞台上绽放出令人难以抗拒的魅力。有个学生做过声带手术，说话声音很小。她认为，人们很难听清她说话，因此对她说的话不感兴趣。然而，借助麦克风，再加上注意力掌控方法的指导，她说的每个单词都吸引着我们。另外一个学生用匈牙利语讲述了一个关于他母亲的故事，虽然我们一个单词都听不懂，但我们都听得十分入迷。还有一个名叫苏卡里·布朗的来访的预备学生，她觉得自己不属于这里。

苏卡里讨厌公众演讲，但她还是愿意尝试，讲述了她观看几个月前上映的电影《黑豹》（*Black Panther*）的故事。为了增强吸引力，我指导她做了几处细小的调整。苏卡里将注意力逐一地集中于观众身上，然后请我们思考：看见你我这样的人总是在大银幕上扮演毒贩和跟班，那是什么感觉？她停顿了一下，我们屈身向前，接着她又请我们想想：看见你我这样的人扮演充满力量和尊严的英雄，那又是什么感觉？她告诉我们，她去电影院看了五遍《黑豹》。我们都感受到了她的尊严、愤怒和希望。我们为她热烈地鼓掌，她陶醉其中。后来，她给我来信，信中写道："在那之前，我怀疑自己是否属于这里——耶鲁，研讨课，MBA学位。静下心来，恢复正常呼吸之后，我意识到我能做到。我肯定属于这里。"

如果你觉得自己属于舞台，那就去做。接下来要说的这些观念和工具可以帮助你登上舞台。我教给苏卡里的就是这些。

停顿的力量：破除"时间错位"的魔法

　　和恋人相处一小时，感觉像是一分钟；在牙医椅子上躺一分钟，感觉像是一小时。这是我的解释，不过，爱因斯坦就是这样解释相对论的。时间的流动取决于参照系。如果你经历过像慢动作发生的车祸或高空跌落，你就能体验到那种时间错位。车祸发生时，"鳄鱼"处于超光速驱动中。它密切地关注着所有细节，仿佛你的电影提升了每秒帧数（FPS）——慢镜头就是这样来拍摄的。然而，分享同样经历的人，如果参照系不同，时间就会变得奇怪。

　　站在观众面前会产生时间错位。对于演讲人和观众来说，时间的流动速度是不同的，因而彼此很难同步。感到紧张——几乎每个演讲人都会感到紧张——会触发"鳄鱼脑"强化觉察意识（时刻关注）；观众没有理由紧张，因此，他们不会强化觉察意识。时间错位由此产生。

　　我邀请班上的志愿者站起来对其他同学演讲一分钟（难免会有压力，而且他知道我们会评判他），然后，我检查听众的反应。速度如何？是太快，太慢，还是刚刚好？听众几乎每次都说速度太快。因为紧张，会感觉时间变慢，所以紧张的演讲者就会加快演讲速度，而听众只能吃力地跟上速度。集中注意力要花费大量的精力，因此，"鳄鱼"会分心。它开始查看时间，查看手机，准备离开。如果演讲者无法放慢速度，适应听众的速度，他就抓不住听众的注意力，也就无法传达自己的信息。不过，放慢速度会出奇地困难（观察演讲者也变得有趣）。演讲者拼命放慢速度，有时候说话就会拉长音节，或者说话像机器人。要解决时间错位问题，真正有用的方法是：借助停顿的力量。

在课堂上，我们花了很多时间来练习停顿[25]。我指导学生们演讲时在所有逗号和句号后都要加入停顿，降低演讲速度，直到他们确信速度足够慢——而观众感觉速度刚刚好。停顿时，要与观众沟通，将注意力集中于观众，让他们的思维跟上当下的时刻。停顿不但会传达自信，还需要自信。

全身停顿——没有走动、站立不安或夸张的手部动作，而是自然地呼吸，双手舒服地放下——特别有帮助。不只是演讲期间，演讲之前和之后都有作用。提升个人魅力的这把钥匙太简单，甚至几乎没人教授或练习它，但它对各类演讲者和表演者都大有助益。

在正式讲话或表演场合，下面这些情形就是做全身停顿的好机会：

• 某人在讲话或表演时，你要全身停顿，将注意力集中在他身上。可能是听众在提问，可能是基层员工在会上发言，也可能是你的乐队成员在表演独奏。不管是谁，只要观众应该关注他，那你也应该关注他。你可能忍不住看周围的其他人，目光向下或把目光移开。这样做，你就是在分散观众的注意力；注意力一旦被分散，轮到你说话的时候，就更难再集中。别人在展现个人魅力的时候，请不要分散他人的注意力，也不要让自己分散注意力。

· 轮到你讲话或表演时，首先要感谢介绍你的人，然后把注意力聚焦于观众。全身停顿一口气的时间，保持微笑，然后开始讲话或表演时，观众就会全神贯注。如果是参加小组讨论或非正式会议，全身停顿就不必太明显，但花点儿时间转移自己的注意力，就会吸引其他人的注意力。现在，所有人的眼睛都盯着你。

· 完成聚光灯下的讲话或表演后，离开舞台之前要花点儿时间向观众致谢。如果有掌声，要停顿下来享受掌声，让观众的注意力完全停留在你身上。你已经关注了每一个人，魅力四射，他们感受到了这一点。你谦卑地、充满感激地接受了他们的掌声。我们往往以为快速跑下舞台就是谦卑的表现，但这样做只会传达无言的歉意——我很抱歉，浪费了你们的时间。相反，要停顿一会儿，感谢观众，以此表示：感谢你们的时间；我非常感激；和你们在一起，我也很享受。你可以点头，鞠躬，把一只手放在胸前，如果你喜欢，场合也合适，你甚至可以向观众飞吻。

不管是短暂的还是延长的停顿，它都可以重新调整你和观众之间的时间错位，让他们跟上你刚才说话的内容，这是舞台表演的两大秘诀之一。

另一个秘诀是"照射"（shining）。

这个秘诀是基于个人魅力的悖论 3：要和众人沟通，就和一人沟通。

个人魅力悖论 3：要和众人沟通，
就和一人沟通

普林斯和我进行眼神交流时，我不知道他真正关注的是我、那个晕倒的女士、她身旁的男人还是别的什么人，这无关紧要。这种个人沟通威力巨大，我们都为之入迷。这种技巧——通过和一人沟通而和众人沟通，就是"照射"。

我们在课堂上是这样练习的。我邀请一个讨厌公众演讲的志愿者，看看这个人要用多长时间才能与每一个观众沟通（真正的沟通）。这不是一个简单的任务。事实上，"照射"是一种高级技能，很少有职业演讲人或表演者掌握它。但即使是新手也可以学会"照射"艺术，如果有人陪同练习，效果会更好。

你走到志愿者面前，用母语讲述故事。可以是你听过或讲过多次的某个事情，比如童话故事或宗教寓言。也可以是自己的故事，但前提是要经过多次排练。要想"照射"观众，你就必须对自己的材料熟悉到可以即席演讲的程度，或者排练到倒背如流的程度。"鳄鱼"在说话时，"法官"会告诉身体其他部分要做什么。观众是否听懂你说的话，这并不重要，只是出于练习的目的。哪怕你不出声，也可以"照射"。

"照射"是一种心电沟通，会让他人感觉自己是房间里唯一的听众。两人凝视彼此的眼睛，不用说话，这种练习具有亲密的氛围。普林斯演唱会上那位女士会晕过去，就是这个原因。

"照射"不同于其他所有公众演讲技巧，原因在于：它需要对方的参与意愿。你不能一个人"照射"，你不能"照射"一个正在低头看手机的人。只有观众感觉到你的光亮，你才能"照射"他们。观众希望感受到你的光亮，是因为这样他们会感觉更有活力。表演者也会有这样的感受——同时拥有沟通感、脆弱感和力量感。随着你主动关注他人，你也会敞开胸怀接纳他人的关注。

具体做法是这样的：将你的目光锁定于某位观众，敞开心扉，对着他一个人说话。将你聚焦的能量主动地交给这位观众，直到他拥有沟通感。你在传达这样的信息：我在这里，你在这里，我们在一起，你好呀。这种能量交换与爱类似。或者，这就是爱。

我们练习"照射"技巧时，每位观众开始时都要举起手，直到感觉与演讲者进行了沟通才会放下。演讲者的目标是让所有观众都放下手。这里，时间错位也有影响。演讲者奇怪地发现要花很长时间才能与观众建立沟通，但观众没有这样的感觉。真正的沟通一旦建立，你们不但会感觉时间同步，还会感觉时间似乎停止了。达到这种沟通感后，演讲者和观众都会惊奇地看见房间其他角落里的手都在放下。这种间接沟通感和直接沟通感一样明显。

第一次尝试不容易"照射"成功。有的观众的沟通感标准很高，在你触及他的灵魂后才会把手放下，这就要去接近他。你说了几句话之后，如果这位观众没有放下手，你可以继续尝试与另一位观众沟通。不过，别忘了要停顿，然后向前一步。如果有必要，可以再向前一步。随着你的接近，他们的手最终都会放下。当一个勇敢而脆弱的人站在面前，谁也无法忽视那种沟通感。"照射"具有强大的力量，即使是勉强的演讲者或新手，也能在 5 ～ 10 分钟内与班上的 30 位观众建立沟通。

下次你对一群人讲话时，看看观众。你会注意到，有些观众也在那里"照射"你。他们可能在微笑、点头或因为你讲的笑话而大笑。他们正兴致勃勃地关注着你，同时吸引了你的注意力；有些人太耀眼，很容易让你忽视其他所有人。和这些人进行眼神交流时，你会感觉到你的能量因为他们而增强。

你也可以做一个"照射"的观众。坐在前排，注视着演讲者，敞开心扉，向演讲者散发你的能量，认真倾听。演讲者会注意到这一切，会和你眼神交流，因为你的"在场"会吸引他的注意力。对演讲者来说，可以"照射"的观众是宝贵的礼物。有了这种沟通感，提问也会更加容易，演讲结束后，如果你想找他也会更加容易。

如果你是经验丰富的、已经不会怯场的演讲者，那你可以更上一层楼，挑战与那些似乎不太接受你的光亮的观众沟通。他们可能在查看手机，可能在低头记笔记（虽然在专心听讲），也可能看上去昏昏欲睡，充满怀疑或疲惫不堪。他们可能不会注意到你在看着他们，但如果你走过去或叫他们的名字，他们就会注意到你。你不是在批评他们走神，你是在欢迎他们回来。这是给所有观众的礼物，因为你和某个勉强的观众建立的沟通感会触及所有的观众。观众就像是只有几个灯泡发光的灯带。当你"照射"那个走神的观众时，整个"灯带"就会突然点亮。容光焕发、两眼发光，每个人都能感觉到。

个人魅力全在于沟通。

扩大影响力的秘诀：把握关键时机

你刚到，派对已经进行得如火如荼。音乐声震耳欲聋，客人们三五成群，倾着身子交谈着。你的入场没有任何掌声，没有人停下来欣赏你的新礼服，派对照常进行。如果你早点儿到，这会儿和主人在交谈的可能就是你，而不是那个穿着闪亮裤子的家伙。但你没有早点儿到——你现在才到，你又不能站在那里堵住大门。

你感觉很尴尬，你扫视一下人群，这样走到哪儿就显得有目标。有个朋友招手让你过去。你走过去站在外围，听着那个粉色头发的女人讲故事，她捧腹大笑，差点儿没讲完故事。她讲到好笑之处，你没有插话，也没有打断她。你没有抛下朋友。你没有问大家的姓名，仿佛派对才刚刚开始。相反，你加入其中，和其他人一起大笑起来。你可能会对这个故事说点儿想法或提出追问。人们准备好认识你时，你才做自我介绍。人们准备好听你讲时，你才讲你的故事。

你清楚派对的礼仪规则。但在日常生活中，当你想抓住某人的注意力时，你很容易忘记他的生活是一场已经开始的"派对"。不管他是否选择关注你——以及如何关注你，这都取决于你的出场时间。何时请求，有时候比如何请求或请求什么更重要。所谓关键时机，是指某人特别容易接受你的影响力的那些场合。[26] 由于"法官"的有意识的注意力随时都在聚焦着什么，因此，你可以问问自己他关注的是什么，然后看看能否提供适当的帮助。也许你能解决他所面临的问题。下面是我要说的意思。

我第二喜欢的基于关键时机的促销活动，是菲律宾宿务太平洋航空公司的一场促销活动。香港正值雨季，每天都会下雨数小时，潮湿、难受。宿务太平洋航空公司的营销团队没有拼命去挤占竞争激烈的数字媒体市场，而是趁着雨停的间歇溜出去，用防水喷剂在城市人行道上喷涂文字图案信息。这种喷剂的工作原理与隐形墨水相似，被干水泥吸收后就会消失。数千人在这些文字图案上面走过，毫无察觉——直到再下雨。

暴雨浸透了人行道，行人蜷缩在伞下，此时，他们看见宿务太平洋航空公司的文字图案神奇般地出现在脚下："菲律宾阳光明媚。"[27] 他们用手机扫喷涂二维码，立刻就登录了宿务太平洋航空公司的网站，上面有飞往菲律宾各大海滨胜地的机票打折活动。这场促销活动使公司的机票销量增长了 37%。如果你做过营销，就应该清楚这是多么巨大的成功。这些神秘信息出现的时机，正是热带旅游胜地最受欢迎的时候（下暴雨时），是在人们必须全神贯注的地方（人行道上，需避免踩入水坑），因而吸引了大家的注意力。关键时机是某个时间或地方，或者某个时间的某个地方——整个语境。在上面这个例子中，二维码使得人们容易当场采取行动——在他们动力最强的时刻。

任何交流都存在关键时机。你的老板什么时候更愿意讨论加薪？你的伴侣什么时候更愿意讨论搬家？如果想和世人分享某个信息，你如何让它关联当下的新闻或时事（人们正在关注的问题）？

如果你当下没有任何可关联的事情，那就要自己创造关键时机。戏剧天分可以派上用场。巴西亿万富豪、怪人奇金欧·史卡巴（Chiquinho Scarpa）宣布，受到法老的启发，他要把自己价值 50 万美元的宾利豪车埋进花园里。[28] 社交媒体和新闻媒体马上对他掀起了一场批评风暴。埋车那天，媒体云集，记者和摄影师一片忙碌，直升机在头顶盘旋。正当宾利车缓缓降入墓穴时，史卡巴突然叫停操作，邀请大家进入他的豪宅，他要发表早已准备好的声明。

史卡巴说，人人都承认将这辆漂亮的汽车埋进土里很荒唐，很浪费，但我们大多数人选择埋葬的东西要宝贵得多：我们的身体器官。他接着说，这才是真正的、最可怕的浪费。然后，史卡巴宣布：巴西新的"全国器官捐献周"正式启动。在那一刻，他从全国人民眼中的恶棍变成了英雄，很多讨厌他的人成了他的粉丝。仅仅一个月内，巴西的器官捐献数量就增长了 32%。

我们将在下一章讨论框架（framing）的重要性，但事实证明，最好的框架往往取决于时机。研究人员发现：基于某个机会是很快出现还是在遥远的未来出现，我们会做出不同的决策。近期决策往往是基于过程、可行性等具体的考虑：怎样做会有效？我有时间吗？我会错过什么？远期决策则倾向于更抽象的考虑，关注的是可用性：我为什么要做这个？我有多喜欢？对我或某人的生活会有什么好处？请求别人帮你做某件事，如果是近期的事情，就要重点谈论组织情况和具体细节；如果是远期的事情，则要重点谈论这件事带来的影响。如果你邀请公司 CEO 下周做个演讲，那就解释你会如何尽量不麻烦他——因为这是他到时候在乎的事情。如果是下个月演讲，那就说说这个演讲会带来的巨大影响——因为这是他到时候在乎的事情。

理解这种作用方式，可以创造一种激活时机力量的新机会：**执行意图**（implementation intention）。对于行为改变，这是最成功的干预方法之一，可以帮助人们完成想做而经常忘记做的各种事情，比如锻炼、年度体检、垃圾分类和选举投票等。执行意图基本上就是回答这样的问题："好吧，那你何时以及如何去做那件事情？"

2008 年，托德·罗杰斯（Todd Rogers）刚从哈佛大学毕业，他打算用行为科学去影响政治选举。他清楚大多数投票动员活动都没有任何效果，但他有一种直觉：执行意图可能会有作用。他的研究团队给 20 万登记选民打去电话。根据执行意图脚本，研究人员问他们是否打算投票，然后问他们具体的投票计划是什么。他们什么时候去投票？会去什么地方投票？他们投票之前会做什么？这些问题的答案并不重要，问题本身才重要。这些问题都与他们的执行意图有关，思考这些问题，选民就形成了投票计划，得到了暗示，这种暗示是闹铃，会在投票日提醒选民的"鳄鱼"脑。如果某个选民的计划是在下班回家途中投票，他下班开车回家时，这个闹铃就会响起来：丁零零，投票时间到了！内在的关键时机，它起了作用。因为罗杰斯的干预，选民投票率提高了 4%——这个幅度足够大，最终改变了五个摇摆州中的四个的选举结果。如今，美国两大政党投票动员活动都已采用这一策略①。

我喜欢把时机作为影响力工具，是因为它可以让你避免成为讨厌鬼。你不是让人们放下手头的事情，而是找到关键时机加入进去。你在恰好的时机无缝地加入交谈，你不是在打扰，而是在贡献。

对了，你还记得吗？我说过，宿务太平洋航空公司的"菲律宾阳光明媚"是我第二喜欢的关键时机营销活动。我最喜欢的是六月份推出的一则杜蕾斯避孕套平面广告。非常简单，紫色背景，寥寥数语："致所有使用我们竞争对手产品的人：父亲节快乐。"[29]

---

① 你能猜到影响投票率的最大因素是什么吗？没错，就是投票站的便捷性。便捷胜过一切。

第 **5** 章

"框架"设计：重塑他人的思维

　　达伦·布朗（Derren Brown）用真子弹玩过俄罗斯轮盘赌，成功预测过美国彩票中奖号码，说服过一个胆小鬼把陌生人推下"大楼"，影响了一个美国白人至上主义者为了一个墨西哥非法移民而放弃自己的一切，和一个自私的失败者的家人和朋友共谋上演世界尽头和僵尸末日，而他则变身为大英雄（后来，在现实生活中，他做了老师，给有特殊需要的孩子上课）。我和我的女儿蕾普莉一度想复制达伦的一个比较简单的把戏——用白纸而不是钞票购买珠宝——但没有成功。达伦·布朗是心理幻术师，比任何人都更了解影响力。[30]

　　我超级喜欢他，因此，我去看了他在美国首演的《谜》（*Secret*）。①达伦从衣服口袋里掏出一根"普通香蕉"，引起观众一阵哄堂大笑。他说，他看见我们很高兴——不过没有我们有些人所想的那样开心。我们又大笑起来。他把香蕉放在舞台前部的一个台子上，警告我们说：待会儿有个身穿猩猩服装的男人会走过舞台拿走香蕉，不过我们很可能会看不见。

　　开始表演吧！我肯定不会错过"大猩猩"，因为我清楚"看不见的

---

① 观看这样的现场表演，你是需要发誓保密的。我在这里要违背誓言揭露一点点秘密，所以，我希望达伦原谅我。

大猩猩"实验[31]。克里斯托弗·查布利斯（Christopher Chabris）和丹尼尔·西蒙斯（Daniel Simons）曾经邀请参与者观看一小段视频：篮球运动员们在运球，来回传球。参与者的任务是数那些穿白色球衣的球员——不是穿黑色球衣的球员——传球的次数。由于实验参与者的注意力高度集中于数传球次数，都没有注意到有个身穿猩猩服装的家伙走进球场，停留在球场中央，并在捶胸后离开。参与者们被告知"大猩猩"的事情后，他们再次观看那个视频，顿时目瞪口呆。

他们怎么会错过那样引人注目的事情？研究人员将这一现象称为"无意视盲"（inattentional blindness）。

因此，我密切关注着舞台，我绝对不会有"无意视盲"。我很清楚这个实验，又密切关注着舞台，所以我有信心我不会错过谁偷走了香蕉。

达伦说话时，我无数次地回头看那个香蕉，确保香蕉还在原地，它就在原地——直到达伦问我们："有人看见猩猩拿走香蕉了吗？"谁也没有看见。接着，舞台后面伸出了一只"大猩猩"的手，把香蕉递还给达伦。（这一次，是有人扮演猩猩偷走了香蕉。）

他又给了我们一次机会。我对自己发誓，这次我一定逮住那只"猩猩"。我逮住它了。

达伦将一个大框架搬到舞台右边（"眼睛要一直盯着框架"），过了一会儿，"猩猩"从舞台左侧幕后溜出来偷走了香蕉！观众哄堂大笑，神情激动，大声地喊叫着这个发现——我们比这个"骗子"聪明！

"猩猩"耸了耸肩膀，然后拿掉服装的头部，出现的竟然是……达伦·布朗。

原来，猩猩竟然是达伦本人扮演的。我们再一次错过了真正的变换。

框架：请注意这个，忽略其他的一切

达伦·布朗是一个奇才，通过"框架"设计来引导观众的注意力。他直接和间接地告诉你要看什么，从而影响你看见的东西，以及你错过的东西。框架具有魔法般的作用。它可以决定人们的体验，甚至会塑造人们的思维方式。在查布利斯和西蒙斯所做的那个"大猩猩"实验中，参与者的任务被框定为数传球次数，因而对其他的一切都毫无察觉。在《谜》表演中，达伦·布朗给了我们框架，表演的每时每刻都在引导我们的注意力——他告诉我们"眼睛要一直盯着框架"，吸引我们的视线。框架不会说："请注意这个，忽略其他的一切。"但它将某个概念放在我们注意力的焦点，并给我们理由去关注它，就会产生这样的效果。

如果我请你想出一些白色的东西，这很容易，对吧？但如果我稍微改变这个实验，加入这样的框架——"比如牛奶和白雪"。那情况会如何？请试一试。地球上有无数种白色的东西，然而一旦牛奶和白雪成为你注意力的焦点，要想出白云、椰片等白色的东西就会困难得多。牛奶和白雪的形象太白，创建的框架太强大，甚至会抑制其他白色的东西从脑海中冒出来。换言之，高效的框架要具有很强的黏性，使人们很难从不同的角度看待事物。就是这样的框架帮助一家很小的初创科技公司变身为全球最有价值的公司。

就在史蒂夫·乔布斯（Steve Jobs）联合他人在车库里创建苹果公司几年后，他想邀请约翰·斯卡利（John Sculley）做公司的新任 CEO。斯卡利的来头可不小。他当时是休闲食品和饮料业巨头——价值 200 亿美元的百事公司的 CEO，这意味着乔布斯是在请求一位全球最成功的商人主动降级。意料之中的是，斯卡利说了"不"。但两个人成了朋友，乔布斯不时地邀请他。有一天，他俩坐在阳台上，俯瞰着纽约中央公园，乔布斯扭头对这位朋友说："你想一辈子都卖甜水吗？不想和我一起改变世界？"

斯卡利后来回忆说："我长吸了一口气。我知道，我会想知道余生中自己错过了什么。"

"白雪"这个词会抑制其他白色物品从脑海里冒出来，同样，"卖甜水"这个概念也使斯卡利很难想起他在百事公司还能做什么别的工作。一旦乔布斯定好这个框架，它就被牢牢地粘住了。斯卡利答应加盟苹果公司，如其所言，接下来就是创造历史。

在现实世界中，引导的作用原理也是设置框架。描述某个东西或者给它取个名字，你就会相信它的存在。好的框架可以决定什么是相关的，什么是重要的，什么是好的。给某人的体验强制加以框定，不但可以影响他对事件的解读，还可以影响他对事件的期望。在下面这个例子中，讲演一开始，我就使用了框架。

　　"我可以保证，听完我的讲演，你们将学到一种渴望立即用于实践的新策略，这种策略可能对你们的生活或工作产生重要的影响。对我们所花的时间来说，这个期望听上去很不错吧？"

　　大多数人都点了点头。现在，我们已经达成协议。我设定了较低的满足标准，这对我们每个人都有好处。不这样做，讲演结束后，他们所关注的就会是他们做出的牺牲（大量的时间），而不是他们得到的收获（我等不及了，明天就练习"照射"技能）。我还将这个策略框定为"重要"，因为它马上就会给他们的生活带来重要的影响。当然，我得不负所望。

　　接下来，我给他们框定了相关性，帮助他们集中注意力以及走神后重新集中注意力。我没有想当然地认为他们会全神贯注——即使面对最有吸引力的讲演者，也很难始终集中注意力。

　　"今天，我要和你们分享多个策略，我不知道哪个策略会带给你们'顿悟'时刻，所以要留神听。听见之后，请把它写下来，以防忘记。如果我们所讲的某些内容没有关联到你，或者你可能已经知道，那也没关系——这些策略会对别人起作用。不过，我希望你还是认真倾听这些工具或概念，回家或回去上班后就可以和他人分享。我尽量讲得简单具体些，这样你不但可以自己运用，还可以把它教给别人，好不好？"

　　他们竖起了大拇指。当我自己是听众的时候，我就采用这种关注方式——倾听某个可以教给他人或与人分享的东西——帮助我集中注意力，因为它让我对更多的概念充满好奇心。讲演结束时，我会提醒他们一开始就承诺的那个工具。找到了吗？找到了？真棒！我们设定了执行意图，这样他们就不会忘记使用这个工具，"分道扬镳"的时候，我们都相信：花费的这些时间和注意力确实很值得。

"换物游戏"带来的重要启示

我给我的 MBA 学生定好基础框架，邀请他们一起玩"换物游戏"（Bigger and Better）。规则很简单：从曲别针起步，你拿它去交换某个更大、更好的物品，然后，你又拿这个东西去交换某个更大、更好的物品，如此持续下去。（"更大、更好"是主观性的标准。）我告诉学生们想交换多少次就交换多少次，并且要求他们下一周将最大、最好的那个物品带到教室。

这个换物游戏早已风靡一时，如果你听说过，很可能是因为凯尔·麦克唐纳（Kyle MacDonald）。从 2005 年夏季到 2006 年夏季，凯尔从一枚红色曲别针开始，一路交换到了一支鱼形笔、一个奇怪的门把手……最终，他交换到了加拿大萨斯喀彻温省的一栋房子，他在那里的一个城市当了一天市长，当地还竖立起了巨大的红色曲别针雕像，以表达对他的敬意。

这些 MBA 学生只有一周的时间（而不是一年）玩这个游戏，我也没指导他们如何玩。我的目标是他们玩得开心，看看他们能学到什么，不管是谁，只要带来的物品最大、最好，他就是获胜者。有十来个"换客"上了邻居的当，换回的是坏旧的微波炉，一支十四英尺^①长的船桨，或是一件难闻的旧大衣。有些学生非常沮丧，辛苦了一番，成果却极小：一本使用过的、没人要的会计学教材，或是一套印有蠢话的咖啡杯。有些"最大、最好"的物品让我们吃惊。我们收获了一棵活着的树、一尊阿努比斯神像、夏威夷一间公寓的一周居住权。有人竟然带来了萨达姆·侯赛因宫殿的一小块大理石，我真不知道该怎么想。而马努斯·麦卡弗里和汤姆·鲍威尔则让我大为震惊。

马努斯挑战汤姆要换回一辆汽车。汤姆大笑起来："我们也许应该把目标设为20美元？"

汤姆要搬到纽约曼哈顿，马努斯还没获得驾照，但换回一辆车这个大胆的想法还是让他俩兴奋不已。这个游戏目标定得越高越好玩，因此，他们决定：如果奇迹出现，换得了汽车，就把汽车捐出去。游戏正式开始。

接下来的三天时间里，马努斯和汤姆向纽黑文市的邻居们和企业家们分享这个疯狂的使命。"我们在玩这个换物游戏。它是为了慈善事业，我们需要你的帮助。你愿意听听这个游戏是怎么玩的吗？"正值万圣节前夕，因此，他俩决定穿上毛茸茸的动物连体衣。

他们一共进行了10次换物交易。他们用曲别针从一家奶酪店换得了一张礼品券，用礼品券换得了一份纸杯蛋糕，用蛋糕换得了一枚胸针，用胸针换得了一个旅行水杯，用水杯从一家可丽饼店换得了一张礼

---

① 英美制长度单位，1英尺约等于0.3048米。

品卡，用礼品卡换得了夜总会代金卡，用代金卡换得了一瓶古龙香水，用香水换得了一个漂亮的摄影包，用摄影包换得了一幅 1500 美元的油画。最后这件物品体积太大，我们的教室装不下，于是，他们邀请我们去教室外面参观。

一辆大众捷达车停在学校门前，挡风玻璃上涂鸦了"换物游戏"的文字。

这最后一步——用这幅油画向汽车经销商换回一辆二手车——感觉有些疯狂。马努斯和汤姆没有预料到会成功，但汤姆还是准备致电该州所有的汽车经销商。你能猜到他们要打多少通电话吗？

就一通电话。

"别致"汽车销售店的销售经理卡洛琳·赫夫南一直都支持社区慈善事业，听到马努斯和汤姆的"框架"后，她被他们的慷慨之举所鼓舞，决定也出一把力。我们班的学生见到卡洛琳，向她表示感谢，她也感谢我们。我们所在的小镇租金很高，资金紧张，公共交通不发达，送人一辆汽车，就能帮上大忙，改善局面。她红着脸告诉我们，帮助那些处于挣扎之中的人感觉非常棒。

实现这个令人惊讶的目标后，马努斯和汤姆去了当地的难民安置机构，把汽车捐给了一个难民家庭。对马努斯来说，这个使命也有个人原因：他的家人在卡特里娜飓风中失去了住所，依靠好心的陌生人生活。

这位新邻居来领汽车的时候，我们见到了她。她是一位年轻的母亲，因为战争被迫离开家园之前，她在阿富汗做会计工作，现在她在这里每天得坐两小时公共汽车去一家工厂上班。有了汽车，生活就会发生改变。

这个换物游戏带来两个有益的教训。

第一，不管是否知道，我们随时都在设定框架。

第二，框架具有重要性。

那年班上的大部分学生都将换物游戏框定为交易游戏——找人交换他们不需要的物品，或者吹嘘他们所给物品的好处。马努斯和汤姆则采取了不同的办法。他们有大梦想，为自己也为他们遇到的人提高了"赌注"。接着，他们走出去，将换物请求框定为一个"边做游戏边做慈善"的机会。看见一枚小小的曲别针变身为一辆汽车，就算是达伦·布朗也会感到骄傲。

当更有意识地框定事物时，你很难知道从哪里开始。可能存在的框架不计其数，但最有用的框架有三类：重大框架、易处理框架和神秘框架。这三类框架的驱动方式各有不同。

重大框架：激发热情

重大框架（Monumental Frame）告诉"鳄鱼"：请注意，这是一个非常重大的交易！它激励人们的方式是：重要性、大小、范围或害怕错失。重大框架可以激发人的热情和奉献。马努斯和汤姆瞄准汽车，将换物游戏的框架设定为令人兴奋的重大事业——他们的这个疯狂计划成功的可能性极小，但他们设定的框架令人兴奋，每个人都想参与其中。帮助他们实现梦想后，卡洛琳·赫夫南也获得了传奇身份：不但我们在这里讲述她的故事，我还听说她的朋友们也在口口相传。马努斯、汤姆和卡洛琳一起在耶鲁大学和纽黑文创造了历史。

公司通常都在其使命宣言中设定重大的框架。以通用汽车公司的使命宣言为例："创造零事故、零排放、零拥堵的未来。"挽救生命，拯救地球，节省时间，谁不想加入其中呢？它在邀请我们参与一个真正重大的使命。即使你不认同通用汽车公司的抱负，其愿景也会激励你拥有更大的梦想。你眼中的理想的未来是什么样的？你希望彻底地、永远地消除哪些大问题？

对照来看看劳斯莱斯汽车公司的使命宣言："过去一百年，劳斯莱斯品牌汽车代表着真正出色的工程、质量和可靠性。"没有什么深刻印象，对吧？一百年虽然是漫长的时期，但它根本没有说这里什么是真正重要的东西，而"真正出色"也只是在说："相信我们，我们真的、真的很棒。"

你可能预料到，使命驱动的组织机构也有激励人心的使命宣言。有些机构确实有。大自然保护协会（TNC）致力于"保护所有生命赖以生存的陆地和水体"。保护"所有生命"就是一个重大框架。人类栖息地保护组织的使命宣言是："我们致力于实践上帝之爱，团结人类，共建家园、社区和希望。"对宗教信徒来说，还有什么比实践"上帝之爱"更为重大的框架呢？而对于不信仰宗教的人，"共建家园、社区和希望"不也会激励人心吗？

然而，请看看纽约现代艺术博物馆的使命宣言："致力于成为全世界最重要的现代艺术博物馆。"世界很大，"最重要"也许重要，但对谁而言呢？员工吗？如果你是参观者或捐赠人，你是关心这个博物馆能否打败其他博物馆，还是换个使命框架更能激励你？

设定框架还可以决定政治信息传播或公共政策运动的成功或失败。2001 年美国税法修订框架表明：重要的不是你是否为某个问题设定重大框架，而是你如何设定这个框架。长期以来，共和党一直在想办法取消（或至少是降低）遗产税。这根本不是中产阶级关心的问题：只有最富有的 2% 的美国人——遗产价值高于 67.5 万美元的那些人——才会被征收遗产税。但共和党议员们希望提高遗产税的征收门槛，以便让他们的大金主免缴遗产税，因此，他们需要寻求公众的支持。他们求助于被《大西洋》杂志誉为美国顶尖的政治语言大师、民意调查员弗兰克·伦茨（Frank Luntz）。

伦茨接受了这个挑战，招募了数百人参与他的市场调研实验。这些人被要求思考各种词语组合并做出反应：将旋钮转向左边（差）或右边（好）。调查对象还被要求尽可能地做出快速反应。稍加练习之后，他们能够条件反射般地转动旋钮，无须进行任何有意识的思考就可以做出本能反应。"鳄鱼"在和伦茨的团队进行直接交流。

伦茨发现：遗产税被框定为"个人财产税"时，不管属于什么党派，参与者都感觉是个好主意。遗产税听上去范围更大，因此，只要拥有遗产，你就是富人，就应该缴税，对吧？然而，当伦茨测试另一个框架"死亡税"[32] 时，近 80% 的参与者都讨厌它，包括大部分的民主党参与者。死亡还要缴税？这是不对的！还有什么比生死更大的问题呢？伦茨用来汇报实验发现的备忘录被广泛传播，他建议说："要想毙掉遗产税，就叫它死亡税。"

事实证明，对于国会议员和选民，这一新框架都是有效的。在接下来的 20 年里，美国国会数次提高了 67.5 万美元的遗产税免征门槛。到 2021 年，个人留给继承人的免税遗产高达 1170 万美元，而已婚夫妇的这个数额可以增加一倍。

易处理框架：激发行动力

易处理框架（Manageable Frame）可以驱动和激励人们采取行动，不过，有些问题让人感觉过于重大，令人生畏。对于这些问题，就要为它们设定易处理框架。重大框架强调的是"为什么"（非常重要），而易处理框架强调的是"怎样做"（没那么困难）。你已经清楚，容易度是预测行为的最佳指标，这就是易处理框架具有如此强大力量的原因。例如，"每天几分钱"就有望让当地公共电台收到可观的捐赠收入，这样的框架让人感觉容易处理：你可以做到的，比一杯咖啡还便宜，一步一步来。

某个问题大得让人感觉难以处理，此时，"鳄鱼"就会不予理睬。但忽视信用卡债务之类的重大问题，只会让问题变得更大。如果人们可以选择分类偿还信用卡债务，那会怎么样？这样做是不是感觉债务更容易处理？并且可以激励他们更快地还清债务？

我、格兰特·唐纳利（Grant Donnelly）、凯特·兰伯顿（Cait Lamberton）、斯蒂芬·布什（Stephen Bush）和迈克·诺顿（Mike Norton）做了一个实

验，信用卡客户可以看见自己所欠的分类债务，比如"娱乐""吃饭"等。客户不去想："我能偿还所有的债务吗？不行！"他们可以问问自己："我能偿还交通债务吗？"嗯，也许可以。实现了当前的小目标，就有动力和恒心去实现大目标。就信用卡债务而言，当前的小目标可能是偿还有线电视账单，而大目标可能是实现零债务。我们和澳大利亚联邦银行一起做了实地研究，邀请该银行一半的信用卡客户进行分类还款。选择分类还款的 2157 名客户的偿还债务的速度，要比对照组高出 12%。

如果你想帮助那些面临恐惧、忧虑或疑惑的人，易处理框架就会特别有效。"没什么可担心的"，用这样确定的话语去减弱他们的感受，可能会适得其反，造成伤害。相反，让他们知道：他们并不孤单，我们的感受完全是正常的——这样说，他们会感觉更容易处理。

如果你有权在握，或者年纪更长，经验更丰富，那这种框架会特别有用。我有独特的优势帮助学生们平复恐惧，因为我自己长期当过学生，还因为我认识许多有过类似处境的学生。马上毕业了，还没找到工作？这是正常的。博士求职市场让人感到恐慌？这是正常的。经常哭泣？这是正常的。糟糕透了，但这是正常的。你无法解决这些问题，但你可以帮助人们接纳这些问题。你可以和他们分享自己的问题和经历，如果你有权威或地位，这样做甚至更有帮助。有个学生找到我，她感到非常痛苦，我毫不隐瞒地告诉她：我也曾经抑郁，离婚，怀疑自己，做些傻事，失去所爱的人，接受心理治疗，情绪崩溃。一切都是正常的。当你得到安慰，知道自己并不孤单后，就会觉得问题更容易处理。

重大框架或易处理框架

1988 年 6 月，美国航空航天局（NASA）科学家詹姆斯·汉森（James Hansen）在国会就温室效应做证。温室效应是大气层中的气体锁住地球所散发的热量的自然过程。比例适宜的二氧化碳、甲烷等温室气体支持着地球生命，但燃烧化石燃料等人类活动破坏了这种比例平衡。汉森在证言中使用了"全球变暖"这个术语，来描述科学家们在全球各地观察到的温室效应与气温升高之间的因果联系。他的证言被记者们和新闻机构广泛报道，使人们熟悉了"全球变暖"这个词。

汉森创建了一个重大框架——毕竟，"全球变暖"涉及整个地球——但未能反映很多人的日常体验。无法引起共鸣，框架就不会有效。如果地球在变暖，为何今年下这么多雪？变暖真的是那么严重的问题吗？如果你生活在寒带地区，你可能还会感激天气变暖。

化石燃料公司及其政治盟友想尽办法煽动人们质疑"全球变暖"，弗兰克·伦茨——重新框定"遗产税"的那个研究者——再次使用了他的电话测试工具。这次他的目标是重新框定"全球变暖"，强调这个问题的科学未确定性，让它听上去没有那么可怕。他选定的新术语是什么呢？——"气候变化"。这个框架具有黏性，因为它似乎更加准确：地球气候肯定在变化，这一点无可辩驳。但对普通人来说，气候就等于天气，因此，气候变化让人感觉并非什么新东西。它似乎是自然的。天气随时都在发生变化，不是吗？

"气候变化"这个新框架也让人们感觉全球气温上升是一个容易处理的问题。大自然随时都在变化，我们不是随时都在应对天气变化吗？2001年，布什总统在讲话中频繁使用"全球变暖"这个词。然而，到了2002年，随着共和党密集使用"气候变化"这个词语，布什对"全球变暖"的使用频率下降，只提及了几次。布什政府有了新框架，其他每个人也是。

"气候变化"仍在持续，毫不在意人们如何叫它。①

差不多二十年后，一家神经营销机构的研究人员决定测试多个框架，找出最有可能激励人们采取行动应对"全球变暖"的那个框架。[33]他们从各个党派中招募数名参与者，让他们听六个描述气候状况的不同词语，同时测量他们"鳄鱼"脑的生理反应。连接头皮的电极测量大脑活动，连接手掌的电极测量出汗情况，网络摄像头则跟踪面部表情。综合这些测量结果，就可以反映出每个参与者情绪反应的强度。"气候变化"引发的情绪反应最弱，其次是"全球变暖"。胜出的框架是什么呢？——"气候危机"，这个词语引发的反应强度，要比"气候变化"

---

① 2017年，弗兰克·伦茨经历了气候变化事件。凌晨三点，他被突发警报惊醒：斯克波尔大火肆虐，他家窗外火光冲天，发出噼啪声响。他被安全救出，但这场大火烧掉了洛杉矶贝尔湾附近400多英亩的区域。经历这场火灾后，伦茨转而致力于减轻日益成为两党争论的气候危机。

高 60%（民主党人）以及 200%（共和党人）。"危机"是重大问题，但有可能容易处理。"气候危机"的意思是：现在还为时未晚——但如果我们不立即采取大规模行动，很快就会为时已晚。

2018 年，艾尔·戈尔及其"气候现实项目"（Climate Reality Project）发出倡议，号召新闻机构将"气候变化"改为"气候危机"，以传播气候问题的严峻程度。全球各大新闻机构以及联合国秘书长安东尼奥·古特雷斯更喜欢使用"气候危机"和"气候紧急状态"（climate emergency）这两个词。到了 2019 年，"气候危机"词条的谷歌搜索量比 2018 年高五倍；同年，"气候紧急状态"入围《牛津词典》年度词汇。这两个框架给人紧迫感，其对人类行为的影响力如何，仍有待观察。

神秘框架：吸引"鳄鱼"的注意力

请读一读下面这个句子：脑大读阅的，不是个单母字，而是个整词单（The mnid deos not raed ervey lteter by istlef, but the wrod as a wlohe）。出奇地容易，对吧？这是你的视觉处理系统在进行猜测。第三种强大的框架是神秘框架（Mysterious Frame），这种框架能起作用，是因为它会扰乱这个猜测过程以及随之而来的预期。通过引入变化或不确定性——正好是"鳄鱼"熟悉和适应的东西——神秘框架直接作用于"鳄鱼"，新的威胁、新的机会、阴谋诡计。

"新的""突然""突发新闻"之类的字眼就是神秘框架，会引发人们对变化的好奇心。"神秘""秘密""揭露"等词或提问式话题触发的，也是同样潜在的不确定性，从而引发我们的好奇心。神秘框架会吸引"鳄鱼"的注意力。如果它不能填充缺失的细节，就会示警"法官"接管这个"案子"，但这需要心智资源。这一现象的反面是：某个认知过程一旦完成，我们就不会再关注它，它不再处于我们的意识前沿。

20 世纪 20 年代，柏林的一家餐馆里，博士生布鲁玛·蔡格尼克（Bluma Zeigarnik）正和她的导师库尔特·勒温以及一些学术界的朋友交谈。侍者拥有完美的记忆力——他不用写下菜单，就可以给一大群人端上他们所点的复杂菜品——他们印象深刻，于是他们决定测试一下他的记忆力。[34] 他们用餐巾盖住盘子和杯子，叫回那位侍者，让他说出他刚端上餐桌的菜品。让侍者感到奇怪的是，他已经忘记了大部分的菜品。如果你临考前死记硬背，也可能经历这种奇怪的记忆现象。你记住了要考的那些事实，然后，它们嗖地就从你的脑海里消失了！如果几天后要重考，你就会像那位餐馆侍者一样茫然无知。

蔡格尼克决定通过实验来研究这一现象。她发现，参与者能够回忆起的未完成任务的细节要多于已完成任务的细节。后续研究者将这种人们完成任务的需要称为"蔡格尼克效应"（Zeigarnik effect），并且反复地予以证实。未完成的任务或未解决的问题会吸引——有时是劫持——我们的注意力。然而，不确定性一旦得到解决，工作记忆就会把它清理掉，为新信息腾出空间。蔡格尼克效应可以解释：为什么你会坚持看完某部愚蠢的电影或读完某篇乏味的文章，为什么你要痴迷于记住那位演员的名字，哪怕它并不重要，为什么我会被"尼安德特人因为没有夹克而灭绝"（显然不是这个原因）之类的标题党欺骗。

与之相关的是，目标取得进展，人们就会有获得奖赏的感觉——越接近完成目标，这种感觉越强烈。正是这个原因，咖啡馆会提供打孔卡片来跟踪你获得免费咖啡的进度，电子游戏要过完很多级，阅读"十大理财错误"之类的清单体文章时很难在第四大错误处停止阅读。

框架的结合：三大框架如何发挥最大作用

这三种强大的框架——重大框架、易处理框架和神秘框架——还能形成合力。你不必局限于其中的某个框架。马努斯和汤姆开始交换那枚曲别针时，他们不但让参与者知道他们有机会参与一项重大的事业。（我们必须换到一辆汽车，它会改变某个人的生活！）他们还让参与者明白，他们请求的任务是完全容易处理的。（你需要做的，就是和我们交换一件物品。）这两大框架的结合，产生了非常强大的效果。

我最喜欢的这三大框架结合的例子，来自一本讨论如何整理房屋的书名。就我而言，我想象不出比这更缺乏吸引力的话题。可是，当我看见它是一本薄薄的小书，作者是我从未听说过的近藤麻理惠（Marie Kondo），书名叫作《改变生活的整理魔法》（*The Life-Changing Magic of Tidying Up*）时，我立刻就被吸引住了。"改变生活"＝重大框架！"魔法"＝神秘框架！"整理"＝易处理框架！简短的八个字，就结合了全部三大框架。

近藤麻理惠精湛的框架艺术带来了什么结果呢？她的这本小书成了

全球顶级畅销书，出版语言多达 40 种，销量超过 1100 万册，还推出了整理房屋相关的电视节目。这就是掌握这三个简单框架的强大力量。近藤麻理惠还需要兑现那些诺言吗？当然需要。她兑现诺言了吗？当然。如果采用该书的副标题"日本家居收纳与整理艺术"（The Japanese Art of Decluttering and Organizing）作为此书正书名，它还能获得如此骄人的成果吗？你来决定吧。

运用框架工具，解锁外界的力量

既然你已经熟悉了这三大框架，那就要开始随时随地看出它们，留意它们对你的影响。下面列出的词汇，可以帮助你开始亲自运用这些框架。

重大框架	易处理框架	神秘框架
"夸大"词汇： 每个人、万事万物、银河系、全球、地球、全人类、宇宙、世界	"简单易做"词汇： 习惯、对付、游戏、项目、微调	"不确定性"词汇： 如果、不可能、不大可能、为什么
"极端"词汇： 总是、亿万、极乐、浩劫、深渊、无垠、危机、魔鬼、史诗、灾难、神圣、狂喜、流行、永恒、现存、奇异、定律、传奇、千年一遇、无数、从未、革命性	"用时少量"词汇： 小时、瞬间、分钟、片刻	"变化"词汇： 点燃、新的、激发、转化
	"有效性"词汇： 是、能、自己动手、做、帮助、方法、成功、解决方案	"创造性"词汇： 艺术、想象、创新、独创、独特、奇迹

（续表）

重大框架	易处理框架	神秘框架
"夸张"词汇： 战队、战斗、背叛、冲突、英勇、危险、勇猛、渴望、死敌、爆炸性、无畏、消灭、谋杀、强力、反叛、劲敌、幸存、威胁、战争	**"小数字"词汇：** 1，2，3，前10名……	**"揭秘"词汇：** 坦白、膜拜、隐秘、揭穿、暗藏、隐形、谎言、神话、科学、秘诀、惊喜
	"共同、分担"词汇： 我们的、一起、我们	**"超自然"词汇：** 着魔、魔法、显灵、魔鬼、精灵

总而言之，框架是一种简单的工具，是解锁巨大力量的秘诀。（看看我在这儿做了什么？）

无处不在的影响力：搭建新框架

下面这个新框架，彻底改变了我对待自己工作的方式。

拥有联合广场餐厅（Union Square Cafe）、格拉梅西餐厅（Gramercy Tavern）等著名餐厅的餐饮大亨丹尼·迈耶（Danny Meyer）来耶鲁大学管理学院做演讲时，他提出了一个新的框架。他告诉我们说："你们都在从事好客行业。"这个新框架让我们重新看待自己从事的工作。

从教生涯初期，我还在努力证明我知道自己在讲什么，因此，我吹嘘说我的工作是"教授绝地读心术"。这让我的课听上去很神秘，也让我成了绝地武士。事实上，我是想同时做课堂的明星演员、导演和舞台监督。我的MBA课程有很多的活动内容，我每天都要冲进教室盯着组织工作。我认为，要用几周时间打造一个紧密团结的社区，需要的是严格的社会规范和规则，因此，我依赖我的助教去执行。有大量的课程作业需要上交和评分，如果有谁错过了截止日期，我就会发火。

我非常喜欢的一位助教对我抱怨说："我原以为和你共事会很

开心，但上了你的课后，你根本就没有激励我做好工作。"我感到沮丧。激励她做好工作应该是我的工作吗？课前和课后，学生们纷纷来找我，可是我忙碌得没有时间去倾听。我的注意力全都放在可以让我"发光"的教学上，而在其他所有时刻，我都感觉不知所措。

丹尼·迈耶的这个"好客行业"框架促使我问自己：如果我不做课堂的老师，而是做课堂的主人，那这个课会怎么样？

这个新框架改变了一切。我能够真正把注意力从自身转移到学生们身上，课堂的权力关系发生了转换。在派对上，重要的是客人，主人不是客人的管理者，而是为他们服务。主人不会告诉大家该做什么，而是邀请大家参与有趣的事情。

这个框架还让我从自己的严苛标准中解放了出来。绝地武士必须完美，但主人可以烤煳馅饼，沙发上可以有猫毛。学生要取悦老师，就应该每堂课必到，完成所有的作业，但客人可以迟到，可以早退，可以把红酒洒在地毯上而主人不应该介意。作业仍然得评分，但我们不需要那些僵化的规定。

这个新框架帮助我更好地关注学生的体验，同时，它让我从对学生的负责感中解放出来。主人无法保证每位客人都会玩得高兴，这是他无法控制的。但他可以点燃蜡烛，打开音乐，确保没有客人醉驾回家。他可以说："见到你太好了，你来这里，我非常高兴。"他可以发自内心地这样说。

招聘新的助教时，我会争取他们的帮助："这是我们的派对，我们是主人。"我们不是在上课前最后一分钟才冲进教室的，而是提前到达，微笑着欢迎我们的"客人"。我们努力记住学生们的名字。细心的主人要留意独自坐着的客人，因此，我会主动帮助落后的学生。不是惩罚和责难，而是看着他们怎么做。主人帮助客人相互认识，因此，我从一对一师生面谈改为小组师生面谈——更多地谈论他们，更少地谈论我自己。

我告诉学生们：我们可以谈论任何事情。下课后，我会逗留在教室里，没有任何安排，也不着急，即使我们必须转移到某个虚拟平台。哪怕学期结束后，我仍然坚守办公时间，等着任何想找我的学生。我不再强求学生出勤，甚至不再考勤；作为主人，你希望你的客人是因为想来才来。任何一堂课，学生都可自主选择是否上课，但大约90%的学生都会来上课。很多人从未缺席一次课。

我们的课堂还是课堂。但当我把学生视为我的客人，教学工作给我的感觉就更像是一场派对，而我变成了一个更好的、更快乐的老师。如果你是做"好客行业"，也许就要问问自己：应该怎样改变？

如果不是，就要问问自己：你想做什么"行业"？

第**6**章

软化他人的防御与抗拒

我们内心住着"两岁的孩子"

我的老爸曾经抓了一条活的小响尾蛇，把它装在可乐瓶子里寄给了我奶奶，而我的奶奶高兴坏了——从这件事，你可以了解我家庭的很多情况。实话实说，老爸很叛逆。他第一次严重的叛逆行为，发生在他6岁的时候：他不想上钢琴课，决定离家出走。他花了几个星期准备各种用品，装进小背包，然后带着年幼的妹妹凯西翻窗"出逃"。两个小孩躲在树林里，直到他们的父母打电话到学校并最终报了警。听见她父亲的呼唤，凯西大声地叫喊："爸爸！"如果不是凯西的"出卖"，他俩甚至还可以躲得更久。

我小时候和老爸相处的时光，最难以忘怀的是：我们深夜穿越森林，蹚过小溪，迅速地隐蔽起来，而警用直升机的探照灯在照射树丛搜寻我们。我们并没有做什么过火的事情，只不过是燃放烟花；这些烟花太大，而且非法，老爸只得从黑市购买。只要是能做而且不对任何人造成伤害的事，老爸就不介意违反规定、规范甚至是法律去做，因为他一直深信：你应该做自己生活的老板。

即使你是他的老板，而且他喜欢自己的工作，他也会反抗你。即使你是他的妻子，而且他爱你至极，他也会反抗你。我的继母合理地要求老爸：不要在树林里设靶射击，只能去射击场射击。于是，他偷偷地买来一个叫作"捕弹器"的金属大盒子。雷电交加时，只要我的继母不在家（而且雷声可以分散邻居的注意力），老爸就会把捕弹器放进壁炉，我俩就用他那把 0.22 口径的手枪射击。他也许比有些人更叛逆，但这种叛逆并没有让他特立独行。事实上，你可以说，叛逆冲动使老爸变成了一个服从者。将限制甚至是劝说视为威胁，这是正常的。

我们的大脑重视威胁侦测（threat detection），是因为我们的生存有赖于此。为了躲避灾祸，"鳄鱼"随时都在扫描周围环境中的潜在威胁。侦测威胁速度快，你的反应才会快——有时候，这意味着过度反应快。你看过猫被黄瓜惊吓到的网络视频吗？黄瓜看上去像蛇，趁猫吃东西时把黄瓜放在它身后，看见这个又长又绿的东西，猫瞬间弹离地板，跳上桌子和墙。虽是恶搞，但也非常有趣。

人脑和猫脑并没有太大不同。人识别威胁性图像的速度要快于识别其他图像，而且人的大脑还能预警这些威胁，哪怕还不知道自己看见的是什么东西。恐惧症研究者阿尔内·奥曼（Arne Öhman）使用电极监测参与者看见一组图像时的情况。有些图像亲切友好（比如花朵），有些图像则具有潜在的威胁性（比如蜘蛛和蛇）。每张图像的展现时间仅为 1/30 秒——速度太快，因而大多数人无法有意识地认出自己看见的是什么。但"鳄鱼"做出了反应。蛇或蜘蛛的图像一闪而过时，观看者就开始出汗。

请试试下面这个实验。看看这些模糊的图像，你能否识别出鸟、猫、鱼和蛇。

如果你根本看不出什么，你就不会感到不安；我也看不出来什么。但人们一旦被强求进行猜测，他们的直觉就会倾向于危险。你猜出猫（D）、鱼（C）或鸟（A）了吗？还有那条蛇（B）呢？当威胁侦测研究者河合伸幸（Nobuyuki Kawai）和何洪申（Hongshen He）向志愿者们展示这些图像时，约一半的志愿者能够识别出威胁较小的那些动物，但75%的志愿者可以辨别出图像B是蛇。研究人员测试了不同清晰度的图像，志愿者识别度最高的动物每次都是蛇。原因很简单：蛇具有潜在的威胁。

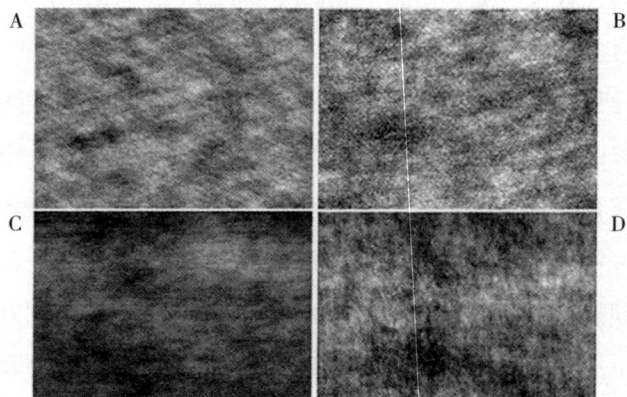

"鳄鱼"对危险异常敏感。即使你有最好的动机，你试图影响的那个人也会感觉你要抢走他们的时间、注意力、金钱或其他的宝贵资源。正因如此，有些人才会毫无理由地说"不"，甚至根本不愿意听你的绝妙想法。他们的"鳄鱼"在起决定性作用。

并非只有威胁侦测才会激发人们对影响力的抗拒。你还会碰到一种普遍存在的偏见：损失规避（loss aversion）。当人们在评估机会带来的收益和损失时，他们对损失的考虑要远多于收益。20世纪70年代，丹尼尔·卡尼曼（Daniel Kahneman）和阿莫斯·特沃斯基（Amos Tversky）对这一现象进行了研究，于是催生了行为经济学，并于2002年获得了诺贝尔奖。

过去五十年来经过大量的实验，研究人员发现：人们对损失的重视程度往往是同等规模收益的两倍左右。[35]我们为了避免损失10美元的努力程度，与我们为了获得20美元的努力程度相当。对有影响力的人来说，该比例的重要性不及这个基本观念：改变要让人觉得值得，它就必须真的真的很好，这种心理权衡更偏爱现状。

人们最不愿放弃的是自由。无论什么时候，只要自由被剥夺或受到威胁，我们就会感到不安，就会不惜代价要重获自由。当我们觉得自己被强迫以某种方式行事时，我们不但会拒绝，还会反着做。我们内心的那个两岁的孩子是不受控制的。只要有人露出要控制我们的丁点儿迹象，这个两岁的孩子就会大喊大叫：你又不是我的老板！不要告诉我该做什么！这个现象被称为"心理逆反"（psychological reactance）。

在一个针对两岁孩子的心理逆反实验中，研究人员邀请孩子们进入实验室，问他们想玩两个玩具中的哪个玩具，是那个容易拿到的玩具，还是高玻璃屏障后面的那个玩具。[36]

你猜得没错，他们总是会选择屏障后面的那个玩具，不管这个玩具是什么。我们想拥有选择的自由，如果有人试图限制这种自由，我们往往就会抗拒。当达伦·布朗说"眼睛要一直盯着框架"时，他知道这个"命令"反而会激起我们内心两岁的孩子往别处看。

明白我的意思了吗？

母鸡游戏：
不要盯着母鸡

游戏结束

我们效力的公司出现亏损时，如果公司扣发奖金，我们会理解公司的做法。然而，公司精打细算的"账房先生"决定休息室不再提供热巧克力（因为巧克力比咖啡更贵），此时，我们就会勃然大怒。很快，热巧克力就会成为所有走廊里都在谈论的话题。

后来，我又意识到，我不但没有喝到热巧克力，事实上，我也不记得看见有谁喝过热巧克力。我为什么这样生气？每次有人抱怨，我都问他是否喝过热巧克力。他们都回答说："没有。我不喝热巧克力，但还是感到愤怒。"我们不是无法忍受失去了热巧克力，我们只是无法忍受失去了选择热巧克力的自由——万一哪天我们想喝呢？

"周一无肉日"

行为学家斯金纳（B.F. Skinner）指出，人们不介意把金钱以彩票的形式交给政府，因为这是一个选择问题。然而，被迫纳税却让我们很多人感到愤怒，即使我们依赖于税收资助的那些道路、学校和其他服务设施。

2010 年，一场叫作"周一无肉日"（Meatless Monday）的运动试图劝说人们少吃肉。有些人认为，餐桌上无肉不欢。但如果他们每周有一天体验美味的、饱腹的无肉餐会怎么样？也许他们会变得更加开明。要一步一步来。

谷歌公司的饮食团队决定在位于加州山景城的公司总部尝试"周一无肉日"。他们先在九月份的每周一试行：谷歌的两个自助餐厅停止供应牛肉、猪肉和鸡肉（但鱼肉会继续供应）。其余二十二个自助餐厅每天仍然供应肉食，因此，大多数员工对此并不介意。但那些介意的员工没有羞于表达自己的感受。饮食团队收到了下面这样的电子邮件：

不要告诉我如何生活。你们不想给我们原来那些伙食福利，那就关掉所有的自助餐厅。说真的，不要再瞎搞，否则我就跳槽去微软、推特或脸书，他们不会糊弄我们。

逆反反应并没有止步于电子邮件。那些不满的员工在实行"周一无肉日"的餐厅外面举行了抗议烧烤会。谷歌收到了这些信息后，公司的这场"周一无肉日"实验就这样结束了。

回头看看，这个问题主要出在框架上。"无肉"这一表述虽然准确，但它强调了损失：我们要夺走你们的肉食。谷歌公司在限制员工的自由。潜台词也是一个问题。公司为什么不让员工们吃肉？也许是出于健康原因，也许是为了那些可能会被吃掉的动物，或者是为了保护地球。但老实说，这些理由都很牵强，让人感觉受到了批判，因而使他们更想要抗拒。或者往深了说，就是让人觉得是在被存心刁难。[37] 推广素食更有效的方法应该是什么样的呢？

重新定义肉类

伊桑·布朗（Ethan Brown）养有五只狗、两匹马、一只猫、一只乌龟以及一头名叫威尔伯的大肚猪。小时候，他家拥有奶牛场，他喜欢动物。他也喜欢吃肉，尤其喜欢吃汉堡。他最喜欢吃罗伊·罗杰斯的双肉汉堡：1/4 磅的牛肉末，抹上融化的芝士，再放上火腿薄片。哇！真是美味。但伊桑是一个爱思考的孩子，他不明白为什么人们会去搂抱狗却杀死猪。他放弃吃肉，然后放弃吃素食，然后又放弃吃肉。好难！

当伊桑了解到畜牧产业对地球的伤害不亚于化石燃料后，他知道自己永远不会再吃肉了。当时，他正在研究氢燃料电池——一种代替汽油的、可持续性更好的新燃料来源。他想知道：如果有一种可替代动物肉的、可持续性更好的肉类来源，那会怎么样？

伊桑·布朗要重新定义肉类。如果有一种肉含有蛋白质和脂肪，具有特别的外观和口感但不一定来自动物，那该多好呢？他找到了密苏里大学的两位已经在做植物蛋白实验研究的教授。借助于日益壮大的研究团队，伊桑弄清楚了如何分离植物的蛋白分子，然后合成出鸡肉、牛肉和猪肉的质地和口感。他们生产出了德式小香肠、汉堡、里脊和美式香肠。他们甚至用甜菜汁制造"血液"。与生产动物肉相比，他们生产植物肉的耗水量降低 99%，占地量减少 93%，温室气体的排放量减少90%。

伊桑本人很喜欢吃肉，因此，他预料到他的愿景会激发心理抗拒。他清楚，当食物被框定为健康食物，有些人就会认为这种食物很难吃，或者他们平常的饮食习惯会招人讨厌。他也清楚，喜欢吃肉的人（同其他所有人一样）不喜欢因为自己的选择而被当成坏人。

考虑到这些，伊桑决定不用美德来框定无肉汉堡的益处。相反，他把重点放在美味上，将他的产品命名为"别样肉客"（Beyond Meat）：像肉，更美味！素食主义者可能会抗拒这样的框架，但伊桑瞄准的是食肉者群体。他将"别样肉客"的产品放置于超市的肉类区而不是健康食品区。他决定放弃素食汉堡的那种鲜艳纸盒包装，选择用玻璃纸包装的托盘销售"别样肉客"产品，这样它们看上去就和其他肉制品一样。

为了强化他们不想强迫任何人选择健康食品这一信息，伊桑和他的团队联合快餐店推出常规肉菜的植物替代品。不是低热量的兔肉，而是软黏的芝士汉堡、热乎的肉丸三明治、熏制早餐香肠三明治——基于植物肉的一些常见美食。"别样肉客"从不宣扬道德制高点，其营销策略也不给公众压力。

其他品牌花钱请名人代言推销产品，但伊桑和他的团队反其道而行之。他们去找体育名人投资。凯里·欧文、克里斯·保罗和沙奎尔·奥尼尔都作为投资者加盟了公司。

2018 年，几乎没有美国人听说过"植物肉"这个术语，但到了 2019 年年底，超过 40% 的美国人都吃过植物肉——而且大部分人都是食肉者。"别样肉客"当年的销售额翻了三倍，达到 9850 万美元。到 2021 年，"别样肉客"产品已经进入八十个国家的十万家餐厅和超市。必胜客在销售"别样"烤盘比萨，麦当劳新推出一款与"别样肉客"联合开发的植物肉汉堡。伊桑·布朗因此成了亿万富翁，并受邀在母校的毕业典礼上发表演讲。伊桑预料到"无肉""健康"等字眼会激发抗拒心理，于是将大众的注意力导向"美味"，从而成功地为顾客提供了一种健康的、更有可持续性的动物肉替代品。

"周一无肉日"和"别样肉客"表明：心理学对影响力具有重要的作用。对于你的好想法，人们体验到的是压力还是吸引力？是痛苦的损

失还是无法抗拒的收益？在下一节，我们来看看，有人反对——或你认
为他人可能会反对——你的提议时，你该怎么做。你将学会如何接纳他
人的抗拒而不陷入自我纠结，如何听见他人说"不"之后回来而不打
扰他。

像合气道大师那样应对拒绝

　　合气道的核心原则是：面对攻击，引导对手的动能，同时尽力保护双方都不受伤。"合气道"（aikido）的意思是"和谐的精气之道"。正是基于这种精神，我为你提供下面这些应对对方拒绝的策略，不然你就会体验到轻微的攻击感。如果你做出攻击反应，对方就可能反击，因而他更会坚持自己的看法和决定。相反，你要尝试下面这些做法。它不是一个循序渐进的过程，它是一个供你挑选和选择的菜单，想选多少就选多少。

包容和试探对方的抗拒

我前面提到，销售高手听见"不"之后还会多次返回。他们受人欢迎（而不是招人讨厌），是因为他们做出请求并得到了允许，是因为他们学会了接纳他人的抗拒。如果对方没有准备好说"是"，他们也不会介意。相反，他们愿意接纳，充满好奇。他们不会推拒或放弃，即使对方说话刺耳或难听，他们也会俯身认真倾听。

包容抗拒，意味着看出对方的抗拒而不加以评判。不要推拒、插话或火上浇油，只需把注意力集中于对方，你就能给对方创造说话的空间，让他们说出自己的感受，讲出心里的话。

抗拒需要被包容。如果你认为你知道对方反对什么或者你感觉到了他对某个问题的抗拒，"合气道"的招数是你趁他还没抗拒就说出来："你可能在想我们没有足够的时间。""这听上去也许需要一大笔钱。"或者："我也许显得有点儿年轻，做不了指导者的角色。"读懂对方的内心，说出对方的反对，你就可以使他不再关注自己脑海里的声音，因而他就可以倾听你说话。你明白他的观点，因此，你已经展现出自己是一个聪明、通情达理的人。

这并不是说你每次都要猜对。你可以简单地说："我看得出你有些疑虑。"你表现出你在体谅他的感受，就能建立起一种亲切感。如果对方已经表达了反对（比如，某人尝试过你的点子，但失败了），他以为你会"反击"，你反而要深吸一口气，平静地等待对方继续说，或者对他做出情感回应："唉，真是一场灾难。""那肯定让人很沮丧。""如果我是你，也会有那样的感受。"——这样说当然总是对的。

你还可以再进一步，礼貌地试探对方抗拒的本质问题。你感到好奇（而不是辩驳），对方就会放下防备心理。你可以说："你能再讲讲那个吗？""后来怎么样啦？""我想我知道你的意思，不过你再说说吧。"这种开放的态度不但可以传达信息，还可以消除对方的敌意。

如果说"你能再讲讲那个吗？"不太合适，你可以反问对方的话，借此鼓励对方敞开心扉。[38]如果他说就是不喜欢，你可以回应说："你不喜欢？"这个"合气道"招数是表明：我要确信我懂你的意思。人们希望被懂得，因此，如果你似乎没有懂他的意思，他就可能详细解释，因而你就能获得有用的信息。你还可以试探他是否还有其他尚未提出来的问题："你还在想什么？""这可能不是你唯一的顾虑。还有什么问题，可以谈谈吗？""你还有别的什么顾虑吗？"只要有人在抱怨，即使这些抱怨与你无关，你都可以采用这种方法。人们会因此而喜欢上你的。

认可对方的选择自由

严格地讲，人们随时都有选择的自由。即使你用枪指着某人的脑袋抢钱，他仍然有选择是否交出钱包的自由。但如果你将自己的想法强加于对方，他就不会感到有选择的自由。感到被强迫，他就会抗拒——要么当场抗拒，要么事后抗拒——找个理由离开。

想影响某人时，我希望他知道自己有掌控权，有选择的自由。我的动机既慷慨，又自私。说它慷慨，是因为掌控感会使人更开心。说它自私，是因为如前所言：说"不"越舒服，就越愿意说"是"。这并不是说他总会依从，而是说他如果没有依从，可能有合理的理由。此外，如果他没有被强迫而说了"是"，他就会觉得要对自己的选择负责。他对自己做出的决定感觉更好，这也有助于他坚持这个决定。研究表明，依从别人稍微的怂恿而撒谎，人们会更容易相信自己的谎言。（这不是我们想影响他人的方式，但它很有趣，对吧？）

要认可某人的选择自由，你可以请求他允许你提问。人们总是会硬塞东西给我们：会议邀请、博客链接、我们可能喜欢的书籍、有帮助的建议。你不想成为这样的人，而且对于未经请求的东西，每个人的直觉反应都是"不"。（在一项研究中，看见免费送钱的招牌，人们选择径直走过或走到对面的街道，以躲开研究人员赠送的50美元。[39]）与之相反，要以尽可能简洁的方式向他人讲解你的好想法，问问他们是否愿意再听听："你对这个感兴趣吗？""你愿意我给你发送链接吗？"

请求他人允许你提问，听上去是这样的："我能问问你的建议吗？""你能谈谈哪儿不对吗？""我能谈谈我的职业道路吗？""我们能见面谈谈我的报酬吗？"你还可以询问什么时候见面最好。如果对方同意了一个见面时间，也就同意了尽可能开放地倾听你的想法。你还可以询问对方更喜欢什么沟通方式——发电子邮件，打电话，开视频会议，见面喝咖啡，等等。有些人有强烈的偏好，如果用你喜欢的而不是他们喜欢的沟通方式，他们就会觉得自己牺牲了什么。

先请求同意再分享建议，这也是"合气道"的一个招数，原因在于：人们天生就抗拒压力，同时人们也天生就好奇。他们可能不想听建议，但是当你说："我也许知道些有用的东西，你想听听吗？"此时，好奇心就让人很难拒绝，这也是"蔡格尼克效应"在起作用。如果他们说"是"，就会更开放地倾听你的想法，因为是他们自己选择了倾听。

这可能显得有点儿怪异，不过，你也可以直接说他们有选择的自由，以此认可他们的选择自由。[40]当然，你不是要给他们选择的自由，他们已经拥有选择的自由。你并不是说，不管事情如何，你都一样高兴。你只是在认可这样的基本事实：他们是自由的。你不但没有给他们施加压力，你还让他们知道你不会施加压力——这表明你今后也不会强求他们。你可以试试下面这些说法，让对方摆脱顾虑："不要有任何压力。""想说'不'就说吧。""我知道你肯定很忙，如果你说'不'，我也不会介意的。""如果不是真心愿意,请不要说'是'。""这完全由你自己决定。"甚至可以说:"我不是你的老板。"我经常使用这些说法,一部分是因为它们很有用,不过也因为我是发自内心这样说的。我希望人们真正感觉好的时候才说"是"。

如果存在等级间的差异,你就要注意认可对方的选择自由的方式。如果对方地位比你高,说"这完全由你自己决定"就达不到预期的效果。他清楚自己有权决定。在这种情况下,如果你说:"我知道你肯定很忙,如果你说'不',我也不会介意的。"对方可能会欣然接受。他很忙,他感谢你的理解,也许更不想伤害你的感受。如果对方地位比你低,你认可他的选择自由时,就得注意不要无意中给他施加压力。如果你说"这完全由你自己决定",但语气传达的信息是"如果你做出错误的决定,我会非常失望",那对方就不会感觉到选择自由。

用软提问软化对方的抗拒

　　某人拒绝你的请求后，你很难让他改变想法。（这和我们前面讨论的心理问题有关：人们一旦做出决定，往往会更看重这个决定。）更好的方法是：提出假设性的、不会禁闭对方的问题，以此判断他的真实感受。我称之为"软提问"（soft ask）。[1]

　　软提问就像是这样的：

　　　　"如果是这种东西，你会感兴趣吗？"

　　　　"如果我问你_____，你会怎么想？"

　　　　"如果做_____，你会感觉有多舒服？"

　　　　"我不想逼你做决定，但如果 10 代表全力以赴，1 代表绝

　　无可能，那你会说你这会儿处于 1 和 10 之间的什么位置？"

_____

[1] 如果你做过销售，就会清楚这和"试探性成交"（test close）有关。

　　软提问之所以有效，原因有很多，但最主要的原因是它提供了一种低风险的获取宝贵信息的方式。浪费你或者他的时间讨论绝无可能的事情，这是没有任何意义的。如果他已经全力以赴，浪费时间也没有意义。此外，如果对方拒绝，软提问也可以保护双方的感受。假设你喜欢一位朋友，想试探有没有可能性。如果你提出假设性问题（"找个时间约会，你觉得怎么样"），而他告诉你还是做朋友吧，这会有点儿伤害，但伤害性不太大。这只是一个想法，你俩还是可以做朋友。但如果你直接问："我们出去约会，好吗？"而你被对方直接拒绝，那你俩可能很难继续做朋友了。

　　如果你请求别人做你的求职推荐人或写一封推荐信，软提问也是一个聪明的"招数"。不要问："为我写一封推荐信，好吗？"而要问："你介意为我写一封厉害的推荐信吗？"或者是："你介意做我有力的推荐人吗？"这样问，对方更容易说"是"，你也容易接受。为什么呢？因为这个软提问可以避免你得到一封不冷不热的、可能破坏你求职机会的推荐信。如果你的推荐人说了"不介意"，他是出于自由的选择，因而就会充满热情地支持你。

做温驯的雷龙：当你听到"不"之后

听到目标客户说"不"后，销售高手还会再回去六七次。你认为普通销售人员会返回多少次呢？三次。你认为普通人（没从事销售行业的人）听到对方说"不"后会再联系多少次呢？零次。锲而不舍是一种未得到应有重视的美德。

深受我的学生们喜欢的一种影响模式是"温驯的雷龙"：一种性情温驯、不以拒绝为答案的食草恐龙。这是一种具有欺骗性的被动技巧，而且非常简单——基本上你只需要等待。但你不是躲在看不见的角落里边祈祷边等待，你要像显眼的恐龙那样，随时让人看见：你好！我在这里！来吧！"温驯的雷龙"富有耐心，彬彬有礼，锲而不舍。你说出自己的请求，然后就后退。你返回去查问。你继续等待，返回去查问，需要等多久就等多久。没人会讨厌——也没人会不理会——"温驯的雷龙"。这样温顺的人，你很难总是拒绝。锲而不舍结合温和善良，具有一种不可抗拒的力量。

记者兼作家杰西卡·温特（Jessica Winter）讲述了"温驯的雷龙"

如何弄到拥挤航班的座位。[41] 当登机口检票员告诉你说没有机会时，你要友好地回答说：你相信会有办法的。然后，你后退一步。温特写道：

> 你必须安静地站着，身体微微前倾，双手自然合十，呈祈祷状。你要待在检票员的余光范围里——足够接近，因而他无法逃避你的存在；又不能太近，避免给他压力——眼睛要随时平静地盯着检票员的脸。面部要带着理解的甚至是慈祥的表情。不要说话，除非他问你。只要检票员说话，不管是对你说还是对其他乘客说，你都要同情地点点头。坚持这样做，直到检票员给你座位号。"温驯的雷龙"总会得到座位号。

我以前的一个学生蒂亚戈·克鲁兹毕业后收到一家大型咨询公司的工作邀请，他提出了一个离谱的请求：公司会给我配车吗？我从未听说过有任何公司给刚毕业的 MBA 学生配车的。但蒂亚戈是那种会让你想说"是"的人，他们答应了。不过，后来他们表示歉意。事实上，公司不允许给经理配车。蒂亚戈说："哦，那太糟糕了！希望我们能找到解决办法。"第二个月，他回去查问时说：虽然有些离谱，但如果他们能想办法配车，他会非常激动的。得到的答案还是"不"。下个月，答案依然是"不"。他不屈不挠，锲而不舍，友好和善，而且心怀希望。一个月接一个月地回去查问，直到公司找到了给他配车的办法，这确实让我大吃一惊。

既要锲而不舍又要体现出尊重，做到这一点的最佳方法之一，是询问你能否再询问以及什么时候可以再询问。这样你回去跟进的时候，就可以说："你上次说过，我可以周五下午回来找你。这个时间还可以吗？"跟进询问时，要留意语言信息和非语言信息。这是你发现自己是受人欢迎还是招人厌烦的好时机。

　　不是每次被拒绝后都要锲而不舍（谈恋爱请不要这样做），不要浪费自己的时间。顶尖销售员只有清楚对方可能接受这个想法并且信守承诺才会锲而不舍，然后才会为这个关系投入时间和精力。用他们的行话说，只有发现合格的潜在目标客户后，他们才会投入时间。他们并非对每个人都锲而不舍。

应对拒绝，我们可以怎样做

我们在课堂上讨论拒绝时，学生们采用角色扮演的方式进行练习体验。如果你找到搭档练习现实生活中的场景，他可以扮演你的角色，你则扮演拒绝者。通常学生们会挑选职场或学校场景进行练习，比如和老板或团队成员之间发生了问题。但里夫·魏森伯格希望我们帮助他，说服他的妻子不要抗拒养宠物狗。他很安静、风趣，是那种你希望看见他成功的人，我们都支持他养宠物狗。

采用"合气道"的招数同里夫练习，听上去是这样的：

包容和试探对方的抗拒

里夫：在你看来，养宠物狗的最大障碍是什么？你能让我明白吗？

妻子：是那些繁杂的事情，不只是训练，就像是养一个孩子。

里夫：像养孩子？

妻子：遛狗，驯狗，带狗出门。笼内训练期间，狗还会吼叫。出门旅行也会变得更加繁杂。

里夫：听上去事情确实不少。听起来你认为得由你承担这些事情。

妻子：是呀，你从来没有养过狗，根本不知道会面临什么。

里夫：你不想承担太多额外的事情，我能理解。关于养狗，你还讨厌别的什么吗？

妻子：狗不能睡我们的床，绝对不能。你是知道的，如果没睡好，我会暴躁不安的。

认可对方的选择自由

里夫：哈哈哈，我当然知道。我们要想办法解决那些事情和你的睡眠问题。当然，如果你不想养狗，我们是不会养的。

妻子：嗯，好。

用软提问软化抗拒

里夫：我能问个假设性的问题吗？假如你完全不用照顾小狗，它睡另一间屋子，不会吵醒你，那你喜欢逗小狗玩吗？

妻子：你知道的，我喜欢狗。正因如此，我姐姐外出旅行时，我才会照顾她的小狗祖米。当时我不得不在午餐时间从工作单位赶回家照顾它，压力太大了。而且你要开始找工作。我们根本不知道会怎么样，甚至不知道我们会住在哪里，所以我不明白你要如何养小狗。

做温驯的雷龙

里夫：好的。谢谢你和我谈这个问题。我觉得你是对的，应该再等等。不过，等我们解决了工作和居住问题，我再来和你商量养一只可爱的小狗，可以吗？

妻子：没问题。还有，要找到工作。

里夫：好的。我马上去找。

这只是角色扮演，甚至在这个谈话中，那些"合气道"招数也没有奇迹般地让里夫的妻子改变想法，从说"不"到说"是"。但里夫感觉到，她反对养狗的立场有所软化，可以挑个更好的时机再和她谈谈。这就是"合气道"招数所起到的作用。这种练习也能消除你自己的某些抗拒，使你找到合适的语言，让这样的交谈变得更容易。

前面讨论说"不"的力量时，我说过："不"是一个完整的句子。确实如此，但这并不一定意味着永远是"不"。通过试探他人的关注点，我们可以发现他们今后是否愿意合作或改变想法。尊重他人的意图、智慧和基本自由，你想影响他们就会更顺利。**随着你越来越娴熟，你甚至会欢迎抗拒，它比一个简单的"是"更能让你了解正在与你谈判的人**（虽然简单的"是"也不错）。

顺带提一下，里夫确实锲而不舍，对于这个决定（养宠物狗廷克），他和妻子都很开心。下面这只小狗就是廷克。

互相影响的前提：深度倾听

　　包容他人的抗拒，有时候会让你感觉受不了，因为你自己的抗拒也要处理。你会陷入自己的想法，我们每个人都会。即使是友好的交谈，我们也会不停地想起自己类似的经历，或者总在想接下来该说什么。出现争执，大脑还会放大这些冲动。"鳄鱼"过滤掉你听到的大部分信息，而"法官"则评判漏掉的所有信息。这个心理过程会扭曲反对者的观点，把他们想象得很极端，远超真实的他们。

　　这种扭曲会发生在各个领域——个人生活、职业和政治领域。在美国，民主党人和共和党人都认为：对方所持的观点要比本方的观点更极端。例如，关于争议不断的移民问题，民主党人认为共和党选民想彻底关闭边境，而共和党人则认为民主党选民想完全开放边境。但双方的看法都是错误的，双方对移民问题的看法在很大程度上是重合的。

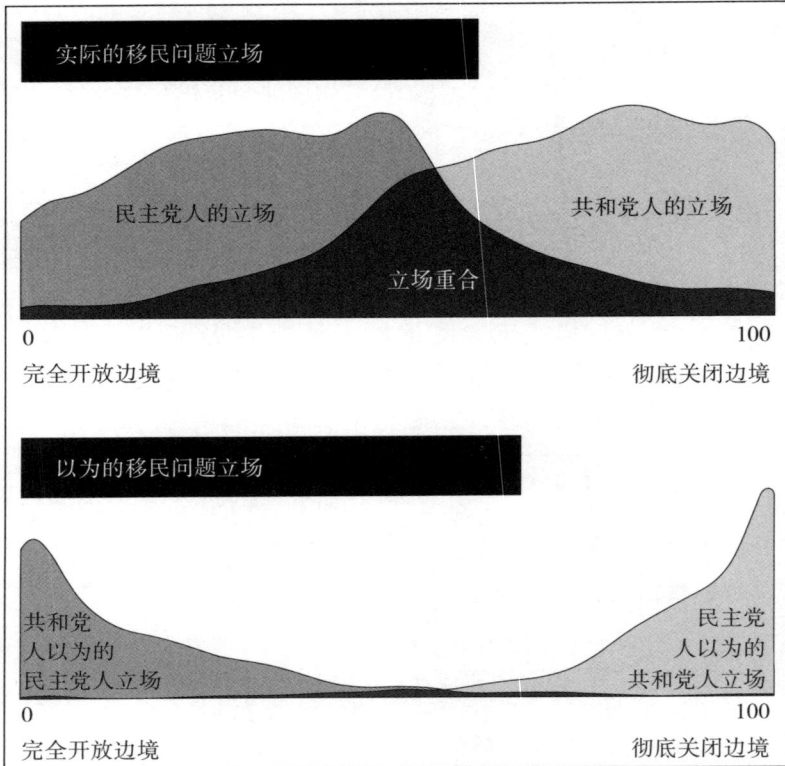

这种现象就是人们熟知的"错误极化偏误"（false polarization bias）[42]。研究人员已经证明各种领域里都存在着这种偏误。宗教和种族群体认为，其他人对他们的认知要比真实的他们更负面。人们会错误地估计反对方在控枪、种族和宗教等敏感问题上对他们的反对程度。[43] 我们的观点越激进，我们认为对方的观点就越极端。[44]

消除这个隔阂的关键方法是倾听，而倾听的第一步其实是听对方的声音。社会心理学家朱丽安娜·施罗德（Juliana Schroeder）和尼克·埃普利（Nick Epley）发现：听某人说话的声音而不是读他说话的文字时，我们会发现他更能干、更细心、更聪明。我们会愿意录用他——这个"我们"也包括专业猎头。当某人的观点和我们相左时，听见他的声音，我们就不能不重视他的观点；他的声音在提醒我们：他是会思考、会感受的人类同伴。

出现分歧，你就会转向自己的内心活动，此时，你应该如何倾听对方说话呢？我让学生倾听搭档演讲一分钟，结果他们报告了各种常见的分心状况，大部分状况都可归结为：轮到我演讲时，我要讲些什么？你可以明确自己的倾听目标，以此将注意力集中于对方身上。

最简单的倾听目标，是听对方的想法。努力倾听对方的意识想法而不只是你自己的想法。你不会读心术，但你可以根据对方的说话进行推断。

进一步，你可以倾听对方的感受，"收听"他的"鳄鱼"反应。为此，你可以给他的情绪贴上"愤怒""忧虑""骄傲"或你感受到的任何标签。既可以无声，也可以大声。将某人的感受用语言表达出来，就会对你自己的大脑具有减压作用，从而有助于你保持专注。或者，你也可以让你的"鳄鱼"感受对方的情绪，让你感觉更靠近对方，即使你的感受有别于他的感受。（我们待会儿再详细说明。）

更进一步，你可以倾听对方没有说出来的那些想法。你要运用推理和直觉，解锁自己内心的"福尔摩斯"。亨利·基辛格曾将这种倾听技巧描述为成功外交的钥匙，具有意想不到的帮助——不过，你有可能是错的。这种倾听方式还可能触发优越感：你认为你发现了对方可能没有意识到或不想让你知道的某种信息。要尽量抑制这种优越感。你只是在形成假设——你的假设可能是错误的。

再进一步，你可以倾听对方没有表达出来的价值观。他为什么在乎他在讲的这些东西？如果他义愤填膺，那是他的什么潜在原则受到了威胁或被冒犯？如果他兴高采烈，那是他的什么价值观得到了满足或证明？应对冲突和抱怨，这种最深度的倾听方式特别有用，不过，你也可以随时这样做。你会经常发现这些同样的价值观也在你心里"窃窃私语"，从而有助于你产生同理心，和对方建立起沟通。[45]

听完对方说话后，要向他回应你听到或感觉到的信息，看看你的理解如何，以及能否得到更准确的理解。用语言表达对方的感受，他就会觉得被重视和被理解，从而减弱他大脑杏仁体（负责处理恐惧和压力）的激活程度。这样做，你不但在附和对方说的话，还加入了自己的解释——对方没有说出来的东西。这会鼓励对方更深入地进行交谈，因而可以加深对彼此的了解。这也是送给对方的礼物，帮助他更好地了解自己。

有位朋友曾经告诉我，因为家庭矛盾，他痛苦地纠结了几周后去看心理医生。家庭矛盾一旦激化，他的妻子和女儿都希望他站在她们那一边，而他不喜欢被夹在中间。我朋友的心理医生认真倾听后，说道："看来你很在意和平。"

在接下来的沉默中，我的朋友对某些事情有了深刻的感觉，豁然开朗。在那之前，他一直将自己的痛苦归咎于自己的软弱或优柔寡断。随着他更清楚地、不加评判地看待自己的感受，他终于放下了心里的这块大石头。

你不是心理医生，也没有数十年的执业经验，但你不必说得正确，你只需尝试着说。心里揣着某个目标——理解对方的想法、感受、没有说出来的想法、价值观或者所有这些目标——听完对方说话后，作为回应，你说出自己最佳的猜测，他就会感激你，认为你在尽力地理解他。

这不是要测试你的能力，这只是交谈。如果你一直在倾听对方的价值观，你就可以说："听上去你对于＿＿＿＿＿＿＿有强烈的看法。"（空白处填入学习、公正、创造性、自由或你感觉到的任何价值观。）如果你说错了，他会予以澄清，这样你们就能更好地了解彼此。回应你听到的信息，可以改变双方对交谈的感受。友好交谈时，它可以建立起亲密感；看法相左时，它有助于平息对立情绪，增强认同感。

同理心挑战

我的学生们采用"同理心挑战"这种方式，练习倾听和理解他人的价值观。在这个挑战中，你倾听三个不同的人，他们对你关心的某个问题有着不同的看法。开始分别交谈时，你心里带着这样的假设（框架）：对方是聪明的、善意的。随着对方说明自己的立场，你努力倾听他潜在的价值观。最后，你向他回应这些价值观，寻求共同点，就这么简单。

布置"同理心"挑战任务之前，我自己先做了尝试。那是 2016

159

年，离美国大选只有两个月。我无法理解为什么那些聪明的、善意的人要投票给共和党竞选人，于是，我计划要听他们亲口说。对于我的这个计划，有些进步的朋友感到生气："为什么我们总是得倾听别人？"但我清楚，我实际上一直都没有认真倾听。因为"错误极化偏误"，我没有问过他人就曲解他们的观点。

于是，我安排了三场和共和党选民的谈话。

第一场谈话的对象，是一位居住在纽约、信奉正统派犹太教的男士。他把特朗普的头像粘贴在汽车上，因此常常受到一些陌生人的骚扰，家人和朋友也和他有冲突。我问他为什么支持唐纳德·特朗普，他大声地列举出他对希拉里·克林顿的种种批评。我一言未发，直到他说完，然后，我说："你坚持把特朗普的头像粘贴在汽车保险杠上，哪怕人们冲你鸣喇叭、大喊大叫，那你肯定是唐纳德·特朗普的真爱粉。我很好奇，你能告诉我你喜欢他什么吗？"

他开始谈论他的信仰以及因为信仰而受到的迫害。特朗普的女儿和女婿都是犹太教信徒，这对他意义重大。接着，他给我讲了他听说的一件事：特朗普为一个身患重病的正统派犹太教男孩支付了医疗费用。

我无法知道这件事情是否真实。如果我的目标是赢得争论，我可能就会质疑它的准确性。相反，我静静地坐了一会儿，然后才说道："听上去你很在意助人为乐。"

"我当然在意。你必须在意。"

"听上去你很容易被英雄打动。"

他大笑起来："我想是的。"

"我也是。"

　　我们继续聊起了正统派犹太教社区的生活以及我任教的课程。我能理解一个人忠于自己的英雄并希望帮助那个助人为乐的人。如果我像这位男士一样相信唐纳德·特朗普，我也会在汽车保险杠上粘贴他的头像。我们的谈话友好地结束了。

　　令我感到诧异的是，接下来的两位谈话对象也是如此。我不得不数次忍住不说话，不过，怀着"对方是聪明而善意的"这种期望进入谈话是起作用的。

　　这些谈话没有改变任何人对美国大选的观点：这不是谈话的目标。我是在培养同理心，找到共同点，作为在其他问题上达成共识的基础。我还认识到，不同意我的那些人并不一定会意见相同。独特的经历造就了他们的观点，他们对这位竞选人的热爱程度也各有不同，他们支持特朗普的原因也各不相同——结果，没有一个原因是我能预料到的。不认真倾听，我们很难注意到自己正将观点强加于对方。

　　随着我的学生们接受"同理心挑战"，他们的体验有时会带来改变。一个反对堕胎的学生倾听好友讲述她为什么提倡堕胎合法化。这位好友袒露说，她曾经被人强奸而怀孕。我的这个学生意识到，如果碰到这种情形，她也会考虑堕胎的。另一个学生修复了因为包办婚姻而产生的家庭冲突，当事父母觉得自己的价值观得到认可，因而开明地同意女儿继续上大学。曾经受到家人评判的性少数群体（LGBTQ）学生主动与家人交谈后，得到了超乎预期的关爱。

　　我们课堂的倾听练习和"同理心挑战"都可以帮助我们平静地应对分歧，提醒我们看看对方激进观点的成因。我们要学会承认：如果你的哥哥是警察，你担心他的安全，那你对"黑人的命也是命"（Black Lives Matter）运动就是一种感受；如果你是黑人，你担心自己的安全，为了不惊吓到任何人而不得不随时保持沉默，那你对这个运动就会是另一种感受。

这种谈话并非都会美好，有些谈话会变得激烈，但我们在尝试，拥有同理心不是要确定谁对谁错。我们只是作为人类同伴尽量相互理解。通过有技巧的倾听，建立一种开放的心态模式，为了体会对方的感受而放弃自己的想法，我们就可以彼此展现同理心是什么样的，会带来什么感受。通过这种沟通方式，我们就能彼此敞开心扉，袒露内心的想法，相互影响。

第 **7** 章

谈判的创造性

　　赞比亚，临近禁猎保护区的一个小乡村，格洛丽亚·斯泰纳姆（Gloria Steinem）和一群妇女坐在荒地里的一张大油布上。她最近参加了一个有关打击性贩卖的会议，而村民们正处于悲痛中，因为人贩子刚带走了村里的两个年轻女孩。格洛丽亚没有提供建议，而是提出了一个问题："要防止这种事情再次发生，需要做什么？"

　　她们告诉她：建电铁丝网。

　　电铁丝网？

　　妇女们说，玉米长到一定的高度，大象就会来偷吃玉米，踩坏庄稼，因此，家人就会挨饿，就会成为性贩卖的侵害对象。

　　格洛丽亚说："好吧。如果我筹集到资金，你们愿意清理田地，自己动手建起电铁丝网吗？"

　　她们答应了。于是，格洛丽亚筹集到了所需的数千美元资金，妇女们动手清理掉了石头和树桩。格洛丽亚再次访问这个村庄时，她看见玉米长势旺盛，没有受到大象的任何侵扰。自从建起了电铁丝网，村庄里再也没有年轻女孩被性贩卖。

　　这一切，需要的是什么呢？

　　我将它称为**"魔法问题"**，也是我最喜欢的影响力策略。

"魔法问题"如何改变谈判的框架

攻读 MBA 学位期间，我在一家生产心脏手术器具、名为佳腾（Guidant）的生物科技公司实习。佳腾公司推出了一套新的动脉支架系统，并且预测会占领大部分市场。但他们没有料到，这个市场本身也在迅速增长，很快就供不应求。这是一个好问题，但仍然是问题。佳腾公司为了按时交付大量的订单，员工们不得不每天三班倒，每周工作七天，包括感恩节和圣诞节。

做到这一切的是公司一位名叫金洁·格雷厄姆的高管。她本来可以要求员工们加班，但那样做士气会受到影响。于是，她向员工们解释了情况，然后问道："我们共同努力交付这些订单，需要做什么？"员工们想出了一长串愿望清单，包括送比萨，提供深夜出租车，照看小孩，送圣诞节礼物。金洁和她的管理团队满足了这些愿望和请求，于是员工们不分昼夜地努力工作。生产量创下新的纪录，销售量翻了三倍，每个人都获得了丰厚的奖金。这不像是谈判的结果，这像是齐心协力的结果。事实上，两者都是。

谈判涨薪或升职，会面临巨大的压力，因而大多数人从未去谈判过。请看看这个"魔法问题"将如何改变谈判的框架，让谈判感觉不那么尴尬或充满对抗。它指向的是你和老板都想要的结果——你愉快、出色地完成工作。如果你只是问："我想让职业生涯更进一步，需要做什么？"或者是："我想获得这个职位的最高薪酬级别，需要做什么？"那会怎么样呢？

如果有员工问你这些问题，你作为经理会有何感受？你可能会高兴地解释说："你需要做这些事情。"在某个时刻，你的员工会回来问你："你说过，要想涨薪，我需要做这个、做那个。我已经做了。现在你可以帮我了吧？"如果他满足了你的条件，你就得支持他的涨薪要求。

这个"魔法问题"适用于客户、孩子，适用于任何人。你可以反复用于同一个人，即使你教过他"魔法问题"是如何起作用的。我把这个策略教给了每一个人，因此，我的学生、朋友和家人都相互使用它，也对我使用。听到这个问题，我们会大笑，不过，我们随后就会说："你需要做……"这样做是有效的，就像是魔法，它可以为你提供谈判所需的诸多要素。

首先，它是创造性的催化剂。"需要做什么？"这个问题是鼓励我们扔掉传统的想法，考虑新的方法。

其次，"魔法问题"还传达出尊重。通过这个问题，你是在承认自己不是专家，不清楚对方的情况、需求或达成协议的障碍，对方才是专家。这就会缓和对方"鳄鱼"的威胁反应，打开谈判带来双赢的可能性。同友善一样，尊重也会带来回报，使双方都更高兴。

再次，"魔法问题"可以挖掘出重要的信息。不问这个问题，格洛丽亚·斯泰纳姆永远不会知道那个村庄的性贩卖问题其实是大象造成的。金洁·格雷厄姆永远不会想到聘用一名圣诞礼品包装工。对任何谈判来说，收集信息都是必要的。如果你善待对方，他就是你最佳的信息来源。

最后，这个"魔法问题"不但可以转移交谈的冲突性，还可以促进合作性。这就是创造性、尊重和信息能给你的帮助。合作不但会使谈判过程更容易、更有趣，也会使解决办法更为持久。那个村庄的妇女们一旦想出建电铁丝网这个解决办法，同意协议的任务，她们就会投入地追求结果。她们还隐含地同意：电铁丝网建好后，要保护村庄远离性贩卖。

这个"魔法问题"常常会带来比你想象的更为简单的解决办法，以及低于你原本愿意付出的代价。但"魔法问题"并非总是简单的，它通常会引发更多的讨论，将我们带回谈判的领域。

谈判就是以达成协议为目标的交谈，就是这样。你学到的有关影响力的一切都适用于谈判，时机、框架、应对抗拒等等。至此，我们所讨论的情形是你有一个很好的想法让对方说"不"或"是"，或者是你想让对方明白你的观点，或者是你想建立沟通。谈判使这些事情增加了一层复杂性：你不只是得到一个简单的"不"或"是"，你还要反复地进行讨论。

那为什么大多数人都讨厌谈判呢？我做过调查，人们用来描述谈判的词语包括"紧张""火药味""胶着"和"残酷"。但他们描述的是自己对谈判的恐惧，并不是他们的实际经历，因而往往具有局限性。由于大多数重要谈判都是闭门进行的，因此，我们观察到的谈判一般都是虚构的。小说家和编剧喜欢戏剧性，因此，他们的故事都涉及胁迫情节，在零和局面中想方设法胁迫对方：我赢了，你输了，哈哈哈，你这个傻瓜。然而，在现实生活中，这种充满攻击性的谈判非常少见。即使有这样的谈判，也往往是因为谈判新手担心会这样。

我在课堂上见过缺乏谈判经验是什么样的。连续几周，学生们都在练习如何做到热情、自信和有影响力。我们正在成为别人想对我们说"是"的人。但一配对做模拟"谈判"，大多数学生就变得紧张，有些学生甚至忘记了学到的一切。他们讨好，发出最后通牒，撒谎，想方设法逼迫对方。或者，他们干脆投降认输："好吧，你拿走一切吧！"这两种做法都是"鳄鱼"的威胁反应。态度强硬要么使谈判陷入僵局，要么会投降认输。谈判陷入僵局，双方都会是输家；投降认输，协议就会变得脆弱，产生破裂。与你所想的相反，在现实生活中，胁迫式谈判的成功率很低。

复盘谈判练习时，听见那些强硬谈判者的说法，让人感到吃惊。有些人想当然地认为，强硬战术和欺骗就是谈判游戏玩法的一部分。很多人认为自己是在防守，竭力不让自己被当成傻瓜，这是典型的谈判新手。我们大多数人感觉自己像是新手，因为我们没用一辈子的时间去谈判国际和平条约，达成刑事案件辩诉交易或处理公司兼并和收购。我们有时候会为小买卖而讨价还价，但我们可能会牵涉一些高风险的谈判。即便如此，我们也有代理人或律师代表我们去谈判。难怪我们大多数人都在拼命地不做傻瓜：我们感觉不知道自己在做什么。

然而，我们是知道的。请记住：从穿纸尿裤起，我们就一直在谈判。现在，我们和家人、同事、老板的日常交谈中仍在随时谈判，谈判如何做成某事，由谁去做："你作业完成后就能玩电子游戏。""下班后，我们什么时间聚在一起喝一杯？""如果我承担那个项目，就得停下这个项目。我把手上这个项目交给谁去做呢？”这些时刻感觉不像是谈判，但事实上它们就是谈判。

即使我们在和陌生人谈判或达成金钱交易时，谈判也通常不是我们以为的那么可怕。虽然我们讨厌“谈判”这个概念，发现谈判过程充满压力，但我们事后通常都会感觉不错。我请那些将谈判描述为“残酷”的人，告诉我他们最新的谈判情况，80% 的人都说他们感受到了“快乐”“增添力量”等积极情绪，而且几乎每个人都能达成协议。

经验丰富的谈判者大都会寻求双方能同意的解决办法。如果谈判是一个馅饼，他们不会想方设法做一个小馅饼，把它全吃掉，让你盯着馅饼碎屑。他们会想办法做一个大馅饼，分成几份，让每个人都吃饱后高兴地离开。“你不喜欢南瓜馅的？好的，那苹果馅的怎么样？太好了，我们就做苹果馅的。你能给我们拿一些冰激凌和奶油胡桃吗？”

你已经在通往成为这样的谈判者的路上，哪怕你自己还不太清楚。在本章中，我将为你提供一些关于谈判准备、合作以及限制胁迫的建议，这样你就不必担心自己成为傻瓜。我已经辅导了数百名学生和朋友，帮助他们在求职、涨薪、升职、商业交易、大宗采购等重要谈判中获得了满意的结果。即使是离婚，好的谈判也能减轻双方的不愉快感。

人们找我寻求谈判建议时，他们经常希望我能传授我过去吹嘘的那种绝地读心术，传授某种能让对方屈服于自己意志的谈判技巧。但我们已经清楚这不是一个好主意。你这样做，会触发对方的抗拒心理；即使你赢得谈判，也会触发对方的怨恨心理。没错，我会传授你一些有用的谈话策略，但真正的谈判艺术更为关注的不是你说什么话，而是谈判开始前你的谈判心态以及所做的准备工作。

收集"大馅饼"原料：寻找谈判的可能性

大多数谈判还没开始就已经失败，因为我们没有意识到谈判是可能成功的。随着你更经常地谈判，你会渐渐明白谈判成功始终是可能的。你不会永远成功，但你可以永远尝试。你可以说："我知道这也许不可能，但你这会儿能施展某种魔法吗？"当你诚恳地、幽默地询问对方时，人们是不会生气的。

谈判出现这种灵光一现的时刻，你会感到高兴——然后也许还会为过去那些被忽视的、转瞬即逝的机会而感到后悔。在此之前，我们大多数人所遵循的，一直都是父母的建议和行为示范。这些建议和示范千差万别，而且还因为社会经济界线而分布不均。在《谈判机会：中产阶级如何在学校获得优势》（*Negotiating Opportunities: How the Middle Class Secures Advantages in School*）一书中，社会学家杰西卡·卡拉尔科（Jessica Calarco）讲述了她在一所中学所做的一项为期一年的研究。她观察哪些孩子会想办法通过谈判获得额外的帮助、更好的成绩或更好的处境。她还通过访谈询问父母教孩子做些什么，询问老师如何做决定。

这项研究获得了明显的发现：中产阶级家庭的孩子同老师谈判的频率是工人阶级家庭孩子的七倍。老师对学生的请求没有任何偏见，他们尽量对每个学生的请求都说"是"。但正如卡拉尔科在书中所写："中产阶级家庭的孩子很少将'不'当作最终的答案。相反，他们把'不'当成拉锯谈判中老师的开局策略。"中产阶级家庭的孩子会谈判学习环境，让他们更有创造性，感觉更舒服，受到更少的惩罚。工人阶级家庭的孩子则尽量自己想办法解决问题，吃力的时候更多，完成的功课更少。根据卡拉尔科的描述，中产阶级父母教孩子要有影响力，而工人阶级父母教孩子要恭敬顺从。

由此，我们可以发现：至少在某种程度上，特殊待遇是通过谈判获得的。要打开一个充满可能性和有利条件的世界，你首先就需要知道：谈判是可能的。然后，你还需要喜欢谈判。这不只是对学校的孩子这样。管理咨询公司埃森哲（Accenture）针对全球数千名管理人员所做的一项研究发现：他们对工作最不满意之处集中于报酬低和缺乏机会——然而，这些管理人员大多数从未尝试过谈判加薪或升职。[46]（而谈判过的管理人员，72% 的人的要求得到满足，25% 的人得到的甚至超过预期。）这些人都是聪明的成功人士。有些人可能还教孩子要和老师谈判，但他们自己却不和老板谈判。大多数人发现职场谈判令人恐惧。

但他们没有必要恐惧。一旦你跨过这一关，意识到谈判是可能的，下一步就是跨越零和的、或输或赢的心态。这种心态会激活"鳄鱼"的防御反应，让作为谈判者的我们展现出最糟糕的一面——或者让我们根本不敢去谈判。如果我们发挥创造性活用"魔法问题"，我们就会把谈判看成为双方增加价值的机会，而不是输或赢的问题。

如何共同把"馅饼"做大：让更多人受益

　　谈判学教授金伯利·埃尔斯巴克（Kimberly Elsbach）研究了六年里人们向五十位好莱坞高管提出的剧本创意，以了解那些成交剧本的推销方式有何特别之处。电影公司只会为少量的项目开绿灯，写出一部卖座的电影就可造就编剧的职业生涯，因此，双方的赌注都非常大。埃尔斯巴克发现，成功的推销和失败的推销之间最大的区别是：前者是合作性谈判。双方都互相提问，分享想法，使用代词"我们"。这不只是人际关系的微妙问题，经验丰富的推销者会创造这种相互作用的方式。正如其中一位推销者所说："你要激发他们，要让他们继续好奇，然后要让他们做你的合作者。"最好的谈判，是你谈判后获得的结果甚至好于你谈判前的预想。

价值创造问题

下面这三个问题可以帮助你获得更好的谈判结果：得到更大的"馅饼"。

你可以通过在谈判前、谈判中和谈判后想出更好的方法来获得创造价值的机会。你可以问自己，时机合适时也可以同对方讨论的问题包括：

怎样对我会更好？

怎样对他们会更好？

还有谁会受益？

这些问题可以鼓励你做大梦想。它们是你和你自己的私人谈判，因此，要让你的"鳄鱼"的快乐中枢自由驰骋（不要听"法官"在那里指出路障）。

173

怎样对我会更好？ 在求职谈判中，最明显的事情就是谈钱——更高的薪水、签字费、安家费或更多的股票期权。说不定，他们还能替你偿还学生贷款！如果你的新老板愿意支付你去新的城市寻找住房的差旅费，甚至为你支付购房期间的租房费用，那就太棒啦！你更好地工作，也许意味着公司会资助你去参加专业领域的会议，甚至给你预算让你可以招聘更多的员工！如果你的新老板愿意资助你再攻读一个硕士学位，让你成为更出色的专家，也许你会感到兴奋不已。

但不要只想到金钱，梦想要远大。如果能居家办公，你也许会更开心，更有生产力——既然能居家办公，那为何不在百慕大群岛的海滨办公呢？当然，你还需要每周五不上班，因为你要去上他们出学费的那个课程。或者，你可能要搬家，你最大的忧虑是孩子的入托问题，最好的幼儿园排队太长，你的新老板能否想办法帮你弄一个学位？或者，你的伴侣可能需要一份工作。也许你最大的梦想是：如果不喜欢，可以永远不必再去参加部门会议。这有可能吗？

不说出请求，你几乎就不会得到自己想要的东西；不去想，你就无法说出请求。因此，在这个创造性阶段花点儿时间是值得的，而且还很有趣。根据你的具体情况以及交谈的进展，你要决定请求得到哪些东西，请求得到多少东西。基于谈判的进展情况，谈判结束时你也许会再提一两个疯狂的要求。你也许会想到一些容易被满足的愿望。你可以提出"有什么选择吗"或"你还能提供别的吗"等简单的问题，以此不断地探求对你更好的可能性。

我的学生和朋友已经成功地通过谈判得到了上面的所有待遇，而且还有其他的多种待遇。不要以为奇迹不会发生而阻止奇迹的发生。

梦想至关重要，但最好的谈判还关乎创造性和准备情况。使用这些价值创造问题来消除传统边界的同时，你还要搜集支持性证据，询问具体的谈判过程，了解和你谈判的那个人。

这里"法官"就会参与进来，为面对可能出现的抗拒情形做好准备。对于在职谈判，最好要弄清楚员工保留政策——公司是否有预留的资金来匹配竞争对手的报价？对于任何工作谈判，有用的参照物都包括：同一职位、公司或行业的其他人获得的报酬是多少。你可以查阅相关数据，也可以从行业内的朋友或伙伴、校友、招聘人员（如果你有这样的同事）或者面试时碰到的投缘的人那里了解别人过往的谈判成功的结果。和这些人联系时，要向他们寻求谈判建议。你会发现他们出人意料地坦诚和乐于助人。

现在，我们来探讨第二个价值创造问题：**怎样对他们会更好？** 这个问题可以解放你，让你不再去想你能提供什么。交谈期间，你会认真倾听，了解他们关心的是什么——他们的价值观，更确切地说，是他们优先考虑和关心的问题。这一点适用于和你谈判的那个人，也适用于公司或公司代表。不要犯常见的错误：认为公司代表的利益和公司利益总是一致的。就个人而言，他从这个交易中得到的收获要远远少于公司，因此，他可能更希望尽量减少麻烦，而不是争取最好的谈判结果。知道这一点非常重要。

对于第三个价值创造问题（**还有谁会受益**），同前两个问题一样，你首先也要自己好好想想，然后在交谈期间收集更多的信息。你认识或关心的某个人会从中受益吗？对方认识或关心的某个人会从中受益吗？

你在这里有机会起着行为榜样的作用吗？其他人会因为你的同意而工作得更好吗？

　　几乎所有的谈判协议都具有相似的要素：梦想和数据。做好准备，你就不会成为傻瓜。以购车这个最令人厌烦的谈判为例，你梦想买一辆理想的汽车，寻找拥有你关心的那些功能的车型，网上搜索，参观汽车销售店。完全清楚自己想买哪款车后，你寻找周边该款汽车的最低价格。进店之前，你已经了解清楚性能升级包、金融服务、延保费用等问题。确定了自己梦想的汽车，找到不错的价格后，其他的一切就非常简单了。

　　如果谈判大宗交易，你会研究各种替代选择。如果谈判离婚，你会寻求法律建议。要勇于梦想，并做好充分的准备。做好了准备，你不但会拥有丰富的信息，还会在对方面前显得温和、自信和"在场"。有经验的谈判者提问的数量和倾听对方的时间都是谈判新手的两倍。感觉有创造性和拥有掌控感，快乐感就会提升。即使你不关心对方的幸福（当然你会的），你也希望他感到快乐。快乐的人会更慷慨，更有创造性，因而会达成更好的协议，更容易遵守协议。大多数情况下，慷慨都可以激发信任和互惠。[47]（不过，我们也会讨论某些例外情况。）

　　下面是这些价值创造问题在真实的重大谈判中的应用。一切都始于我和我的教练曼迪·基恩之间的一次交谈，正是她教给了我那个"魔法问题"。

　　我做博士后研究期间，第一次收到了演讲邀请。那是一次关于健康促进的行业会议，这可不是我的专业领域，也不是我擅长的话题，但他们希望我去。真是太棒了！我答应提交我撰写的一篇有关健康的论文。

我和我的同事拉维·达尔创建了一个将行为经济学应用于现实世界的框架，并和埃琳·拉特里斯和罗·基奇鲁共同发表了一份白皮书，讨论了如何将该框架用于支持员工健康。

我答应提交会议论文后，主办方又邀请我主持"健康的社会影响因素"小组会议，我对此几乎一无所知，但还是答应了。在学术界讲授这个东西，我必须做大量的研究：数据库编程，意大利语，如何收集信息。在这个学术会议召开几个月之前，说"是"感觉很好。等到快要召开的时候，我还没有做好准备，我心里想：该死！我告诉曼迪，准备这两个会议要花好几天的工夫，我不该承诺的，我真正的工作是学术研究——想办法找一份学术研究的工作。

她告诉我说："那你也许不应该接受这个邀请，至少不应该接受第二个会议的邀请，但你都答应了，你能退出吗？"

"不能，下周就要召开了。我都承诺了，我已经是会议计划的一部分，退出不是办法。"

"那这次会议带给你什么收获？"

"我尽到了责任……我学到了教训，永远不再做这个？"

"嗯。你能得到什么令人振奋的收获？是什么让你值得参加会议以及做所有的准备工作？"

"我无法从中谋得教授职位，不过可能会获得某些咨询工作。"

曼迪问："如果用金钱衡量，会是多少美元？多少咨询工作才会让你值得为会议投入那么多时间？"

"嗯……要赚大钱，就得做大量的咨询工作，我无法挤出时间。要想象一个令人兴奋的数字？那就假设是 5 万美元吧。"

曼迪启发我思考这次会议怎样对我会更好，然后她就提出了"魔法问题"："要通过这次会议赚到 5 万美元咨询费，你需要做什么？"

这个问题让我转换了视角："首先，我想我需要做些名片。"

她大笑起来："好的，那你的演讲呢？它如何帮助你赚到你想要的咨询费？"

"我要提供尽可能多的价值。"

"那你会怎么做呢？"（她这是在帮助我确立执行意图。）

"事实上，我不清楚与会者面临着哪些挑战，这是什么样的会议，不过，我的合作者埃琳和罗会参加，我可以问问他们。"

我开始做准备工作。我加急定做了名片，同埃琳和罗一起吃了一顿愉快而有启发性的晚餐，准备发表一个尽可能有帮助和实用的演讲。我还需要想清楚小组会议上要讲些什么，还要做幻灯片。

在埃琳和罗的帮助下，第一场会议演讲取得了成功。演讲结束后，正当我走过走廊时，我听见有人大声喊道："佐伊！"听众中的一位女士追上了我。

"我喜欢你的演讲，我们应该谈谈。我叫米歇尔·哈齐斯，我为谷歌工作。明天能一起吃早餐吗？"

我说："谢谢，不过非常抱歉，我要准备明天的会议发言。"

她给了我她的名片。正当她要离开时，我脑海里回想起曼迪的声音："你需要做什么？"

"米歇尔，请等一下。我改主意了，可以一起吃早餐。"

很棒的早餐！米歇尔聪明绝顶，风趣幽默。她是谷歌公司饮食管理团队的新任主管，正想弄清楚行为科学如何赋能谷歌公司新的全球饮食指南。她认为我的框架也许就是他们需要的东西。这是一个大项目，接下来的几个星期我们继续谈，直到米歇尔确认她要聘任我为咨询顾问。这样的项目将带来荣誉和金钱，还能改变人的生活。从很多方面来看，这都是一个令人兴奋的机会，但它需要花费大量的时间。

我问自己：**这个项目怎样对我会更好？**我希望我能少花时间，这样我就能集中精力做学术研究。如果我们能做可以发表的研究项目——有助于我寻找学术性工作——而不是做公司的饮食指南，那就太好了。这有可能吗？

我问自己：**怎样对米歇尔会更好？**我想知道她是否对共同做研究感兴趣。她是一名研究人员，拥有博士学位，似乎很喜欢耶鲁大学。也许她愿意在耶鲁大学参与我们的研究工作？我向米歇尔提出了这些问题，经过一系列的讨论，结果是：谷歌公司与耶鲁大学客户洞察中心（YCCI）——拉维·达尔主管的智库——建立了咨询与研究合作关系。我们的联合研究成果发表于学术期刊、教材和《哈佛商业评论》。我没有索要咨询费，但我通过客户洞察中心获得了研究经费资助。我不清楚这个谷歌项目是否起了作用，但第二年耶鲁大学就给了我梦想的工作，我成了耶鲁大学的一员。

还有谁会受益？

这个问题的答案是：很多人。

对谷歌来说，同耶鲁大学合作而不只是同我合作，这样做具有很大的好处——有很多聪明人为谷歌应对挑战，谷歌的发展会更快。基于我们的行为经济学框架，谷歌更新了饮食指南，因此，公司当时的 5 万名员工都能做出更健康的选择。耶鲁大学的学生们同我们合作了一系列的研究项目，解决的问题包括如何鼓励人们摄取更多的蔬菜，少吃零食，远离一次性水瓶。他们获得了咨询经验，简历上增加了谷歌项目。有些学生还在谷歌公司找到了工作。

除了耶鲁大学和谷歌公司，我们在大众媒体上发表的研究成果也激发了其他组织机构重新考虑他们的饮食政策。我们展示了企业和学术界之间建立的一种卓有成效的合作伙伴关系，使其他组织机构更容易效仿。你会认为这很平常，但并非如此。我从未听说哪种合作关系有我们这样互利多赢：我赢、谷歌赢、耶鲁大学赢、员工赢、学生赢……这些益处还在继续扩展。为谷歌设计员工休息室的建筑公司甚至决定采用我们的研究发现，帮助其他公司的员工做出更健康的选择。我和米歇尔的工作和生活交织在一起，她成了我的密友，也是我最喜欢的人之一。

直到数年之后，我才想起我曾向曼迪提及的那个金钱目标。当我最终离开去做其他项目时，我把自己从这个合作关系中获得的所有研究经费资助进行了相加，刚好是 5 万美元，真是神奇！

对那些希望像我和米歇尔那样合作共事的人来说，价值创造问题是很棒的工具。不过，要解决某个问题时，这个工具同样会有帮助。

我的学生娜塔莉·马因为影响力太强而制造了一个问题。她利用耶鲁大学校友数据库为我们班的募款项目寻求捐赠，却不知道学校拥有向校友募捐的唯一权利。学校发展办公室听说了娜塔莉的募捐活动，给我发来了一封措辞友好的停止侵权通知函，对此，我本可以回复一封致歉信并承诺此事不会再发生，然而，我感到好奇。毕竟，发展办公室的所有工作人员都可能是影响力专家。

我和发展办公室的两位团队领导一起喝咖啡，商讨这件事情。我希望学生们能练习如何募捐，因为它令人恐惧，可以建立自信。对此，两位领导当然能理解。他们希望为学校募得资金，但不让校友们感到募捐请求过于密集频繁也同样重要。

我们开始商讨如何创造性地解决这个问题：要让这个事情对我们每个人都更好，需要怎么做？还有谁会受益？讨论非常具有合作性，我竟然忘了是谁第一个提议和我的学生们共同主办"冷电话募捐之夜"，请求校友为奖学金捐款的。学生们用一个晚上而不是几个星期就可以练习募捐。校友们也可能喜欢和在校学生交谈，分享他们对课程和教授们的体验。这种友好的交谈会让校友们更有融入感，更愿意捐款。未来的学生可以获得奖学金，发展办公室可以完成募捐目标，而我也期待向我以前的一些学生问好。这种交谈感觉不像是解决问题，更不像是谈判。

学生们拨打电话，募集了数万美元捐款，活动取得巨大成功，我们把它变成了年度传统活动。它演变为了比萨、啤酒和独角鲸服装派对。娜塔莉也因此成了大明星，第二年，我邀请她做了我的助教。毕业后，她通过谈判获得了为期一年的全球度假旅行，并最终在一家生物科技初创公司领导商业开发，谈成了数百万美元用于抗病毒感染的研发投资。这又是多赢的结果。最后，让我们来回顾一下这三个问题：

怎样对我会更好？

怎么对他们会更好？

还有谁会受益？

激发合作的其他方法

要激发合作，最简单的一种方法是：**让对方做选择**。即使你认为自己清楚对方的最佳行为方式，但如果只提供一种建议，他也会感到压力。对方拥有多种选择，意味着他拥有掌控感，因而他的抗拒感就会减弱。而且，没有比较，你也很难评估某个东西。这个好？不好？聪明？昂贵？速度快？和什么相比较呢？

营销学教授丹尼尔·莫孔（Daniel Mochon）发现：电视机、照相机等产品和其他替代产品一起展示时，相较于单独展示，人们购买的可能性要高得多。多个研究结果表明，只有一种选择时，97% 的人不会决定购买，而是选择等待。

提供替代选择后，你仍然可以给出推荐。

建筑师可能会说："这里有两种设计方案。我认为第一种方案更好，因为如你所想，公共区域会非常明亮。但按照第二种设计方案，你的主卧会更宽敞。"当对方意识到你的建议相比于次优选择的优点，他就会认为你值得信赖，就会对决策拥有掌控感。你还会激发合作精神和创造力，你和对方一起考虑各种选择，甚至还可能想到更好的选择。

对于需要谈判价格、范围、交付日期、付款条件等多个问题的复杂交易，你可以给出多个方案供对方选择。例如，作为建筑师，你可以提供现付时薪，较贵的包括设计和许可证的方案包，以及更贵的包括建筑项目管理的方案包。设计好这些方案包，你和对方都会感到高兴。你提供的就是建筑行业熟知的"**多个等效报价**"（MESO，发音和日本味噌汤接近）。对方可能会选择某个方案，但即使他没有选择，后续交谈也有助于你了解他关心什么，从而进一步推进双方的合作。

如果你提供的是好／更好／最好或小号／中号／大号等选择，那就要知道，人们往往会青睐中间选择。相比于两端的选择，中间选择似乎更实际、更合适。中间选择似乎应该适合特别的场合或特别的人。在科学博物馆进行的一项实验中，参观者被要求挑选雨披。中等个子的参观者即使看见"中号"雨披相当小，也会选择"中号"雨披，而不管雨披的实际大小。

经济学家卡尔·夏皮罗（Carl Shapiro）和哈尔·范里安（Hal Varian）清楚人们往往会青睐中间选择，提出了他们所说的"金发女孩策略"（Goldilocks Strategy）。你给出一个你认为对对方最理想的选择，同时给出一个你认为远低于对方需求的选择以及一个你认为远高于对方需求的选择。这个中间选择感觉不是太大，也不是太小——刚刚好。你不是在操控对方选择他不需要的东西，你是在鼓励他采取行动而不是推迟行动。

应对难缠的人

大多数人都愿意合作，更喜欢合作，不喜欢竞争。因此，谈判开始时，当你展现出友善和灵活性，你的行为通常会引发对方的和善和坦诚。

不过，有时候不管你如何接近对方，他都会难缠。人们之所以难缠，原因多种多样，其中很多原因都是善意的。他们感到恐惧，有防备心理。也许他们经验不足，或者认为谈判方式就应该强硬。他们不是吝啬，而是已经退到了底线。少数人会让你难堪。他们会做出幼稚之举，比如"占上风"式握手——翻转他们的手，放在你的手之上，表明他们占了上风。

不管他动机如何，你都无法和一个不愿意合作的人合作。一个巴掌拍不响。因此，碰到这种情况，不要试图和他创造性地谈判或合作想出新的好点子。同难缠的人谈判（如果你选择完成谈判），其结果如何，关键在于你能否找到自己的筹码，能否清楚地传达你的意愿和边界。不要考虑什么创造性谈判。

筹码

在谈判中，双方都会使用杠杆力量来给对方施加压力。他拥有对方想要的什么东西？如果达不成协议，他就不得不失去什么？要达成协议，他就必须放弃他想要的什么东西（包括无形的东西）？

在以蒂娜·菲为编剧的情景喜剧《我为喜剧狂》（*30 Rock*）中，亚力克·鲍德温饰演杰克——一位横行霸道的网络电视公司执行高管。安德莱内·列诺斯饰演雪莉——来自特立尼达，为杰克工作的保姆。杰克减少了雪莉的工作时间，但雪莉告诉杰克她的周薪不能变。

杰克：我就不明白了，你现在只工作一半的时间，相当于我要付你更多的钱了。

（雪莉一言不发。）

杰克：这样说吧，你去市场买土豆，10 磅一袋的土豆售价……400 美元，然后……店员告诉你说，5 磅一袋的土豆要 400 美元。这就过分了，对吧？

（**雪莉一言不发。**）

杰克：我想说的是，我们看重你所做的一切，可你要的周薪……也太离谱了。

雪莉：那你想怎么办？

杰克：你认为自己手里有筹码，但你没有。我不在乎那个婴儿。我认识利迪才几个星期……另外，我认为利迪长得不像我，因此，我恨不得吃掉她。换句话说，你要么接受降薪，要么就去找新的工作。现在谁有筹码呢，雪莉？该你离开。

（**婴儿哭叫。雪莉准备离开。**）

杰克：请留下来。我愿意把你的家人都送进大学。

在外面的世界，杰克拥有更多的金钱、更大的权力、更高的地位。在他们的工作关系中，他也拥有权力，因为是他雇用了雪莉。这是筹码，但这个筹码的力量有多大，取决于雪莉有多想要这份工作，而雪莉有多想要这份工作，又取决于她感受如何以及她在外面世界拥有的选择。出于我们能猜到的原因，雪莉宁愿失去这份工作，也不会接受降薪。而杰克不希望雪莉这样做。他是公司高管，工作忙碌，如果雪莉离开，就得由他解决照看孩子的问题，费心费神去寻找值得信赖的新保姆，还可能和利迪的母亲大打一架。因此，虽然表面上如此，但雪莉拥有更大的筹码，所以她赢得了谈判。

当你发现和自己谈判或准备谈判的人很难缠时，那就重点关注筹码。他拥有你想要的什么东西？你拥有他想要的什么东西？各方能忍受失去什么（包括自尊）？你有更好的替代选择吗？如果你觉得自己没有多少筹码，就要想想你可能是错的。在外人看来，雪莉似乎没有太多的筹码，但事实上她拥有的筹码绰绰有余。人们也许没有意识到：员工比经理更有筹码，孩子比父母更有筹码，你比出于任何原因在乎你、在乎关系或在乎潜在交易的任何人更有筹码。

你拥有筹码，就不需要做太多，和难缠的人谈判，这一点非常适合我。只要准备充分，这样你就清楚在外面还有什么选择，你想要什么，绝对要拒绝什么，然后告诉对方你想要什么，不再改变，就像雪莉那样做。这就是谈判中停顿的力量。你不必竭力去取悦对方，也不必对他的挑衅做出反应；你不必生气，当然也不必和他进行头脑风暴。你可以自己尽力找到创造性的解决办法，也可以向伙伴寻求支持和建议，但对于难缠的人，你要让事情保持简单。

说"不"而不生气，这几乎是一种精神磨炼。有时候，我尽量保持"温驯的雷龙"的平静状态："对不起，我不能。""很不幸，这是不可能的。""这个根本不现实。"有时候，我会把沮丧转化为热情："哦，天哪，不！""你肯定是在开玩笑吧！""啊，这是我听过的最糟糕的想法！"难缠的人把球抛到你的脚下，那就平静地把球抛回去：停顿。"那你想怎么办？"平静地确立你的界限，然后让他决定。

保全体面的 B 计划

如果你只熟悉一种谈判策略，那可能就是"吓唬离开"："你要么接受降薪，要么就去找新的工作。"但不要采用这种策略，它让杰克失败了。在现实生活中，我看见最常失败的也是这种策略。它会让你栽跟头，因为它会威胁你和对方的自尊。你发出最后通牒，就是在夺走他的选择自由，将他逼入"双输"的局面：要么输掉这个机会，要么屈服于你而输掉体面。我们前面提到，很多人讨厌失去选择的自由，因此，如果他们感觉是被迫接受的，哪怕机会再好，也会甘愿放弃。碍于自尊，你也可能不得不照你"吓唬"的那样去做。

有位朋友告诉我，他在希腊差点儿买了一双漂亮的皮凉鞋。那双皮凉鞋做工非常精致，他甚至愿意出比鞋匠要价更高的价格买下来。但根据旅游指南，在希腊你不要全价买东西，你要讨价还价。如果商贩拒绝再降价，你要假装离开，触发最后的降价。我那位朋友要求给凉鞋降价时，商贩说他不讲价。朋友再次要求降价，商贩坚决不讲价，显然是一个难缠的人。我的朋友说"没关系，那就算了"，然后开始离开。他的吓唬换来的却是商贩的沉默。出于自尊，我的朋友只能继续往前走。这是 40 年前发生的事情，而他现在仍对那双凉鞋念念不忘。

不想受自尊妨碍，可以采取这个策略：保全体面的 B 计划。这种策略通过服从姿态来显示力量。你提及某个替代选择——或者就是让他知道你有替代选择，然后说你希望不用走到那一步。说到做到。运用这种策略，对方"鳄鱼"的威胁反应就不会被激活。如果他同意你的提议，他就会慷慨大方。你心存感激，他对自己也感觉很好。如果他不能或不想同意，你还有其他选择，因为你没有将自己逼入死角。

对于几乎所有难对付的情况，你都可以采用保全体面的 B 计划。外交官会说："听着，当前政府下，我能给的就是这个，但我们马上要举行大选，大选后我就无法给出任何承诺。"作为消费者，如果你经历过某种服务故障且没有得到解决，你就可以说（如果是真的）："我这个人在网上有些名气，发过很多评论帖子。我喜欢发好评，几乎没发过差评，但我现在非常沮丧，很想发差评。我们就不能找个合理的解决办法吗？"

假设你想用外面的工作邀请作为筹码要求加薪，采用"吓唬离开"策略，你可能就得被迫离职，因此，你可以这样说："我收到了这个工作邀请，薪水很不错，但我真的很喜欢这里。如果你能给我相同的薪水，我肯定会留下来的。"如果他给了相同的薪水，那就太棒了。如果他不想或不能给你相同的薪水，你还留有决定的余地。采用保全体面的 B 计划，不管情况如何，你都还有选择，而选择是一个好东西。

很多看似难缠的人，其实是对你的要求无法说"是"。如果你带着好的框架，温和地、坦诚地去接近他们，他们就会想说"是"。有时候，他们会帮助你想出更好的方法。马努斯·麦卡弗里（就是那个用曲别针换到汽车的学生）同巴塔哥尼亚（公司名和地名）有过精彩的谈判。他和团队伙伴在为一个非政府组织工作，帮助智利境内的巴塔哥尼亚地区成为联合国教科文组织的世界遗产，秋假期间，他们要去那里露营旅行。于是，马努斯找到位于纽黑文市的巴塔哥尼亚户外用品专卖店的经理，对他说："我们知道贵公司一直致力于文物保护，我们也是。这是我们正在做的项目，就在巴塔哥尼亚。你能免费送我们一些装备吗？那里实在是太冷了！"

　　专卖店经理说他不能免费送装备，但可以给他们超过五折的折扣。太让人惊喜了！事实上，他们可以在专卖店里举行一次筹款活动。对了，那位经理还知道有个啤酒厂老板可能会捐赠免费啤酒。马努斯和他的伙伴请求更多的当地企业为筹款活动捐赠抽奖奖品，邀请乐队朋友前来表演，我们每个人都去巴塔哥尼亚专卖店参加了派对。我们玩得很开心，当然，我们也买了东西，因此，专卖店也从中受益了。由于现在大家都成了朋友，巴塔哥尼亚公司已经在支持马努斯和他的团队，公司办公室的一位主管为他们免费提供了价值 3000 美元的装备。这个结果甚至比马努斯最初大胆请求的还要好得多。

　　好的谈判引起的涟漪效应会远超你最初的想象，你永远不知道你的好想法"种子"会长成什么。格洛丽亚·斯泰纳姆访问赞比亚的那个村庄时第一次围坐在油布上的那些妇女决定坚持聚会。八年时间里，这个群体不断扩大，还包括临近村庄的妇女，她们建起了两家工人集体企业、一个由妇女管理的养鸡场和一家裁缝铺。人们把这个群体称为 Waka Simba——"女强人"。

谈判中的性别差异

　　24 岁时，詹妮弗·劳伦斯（Jennifer Lawrence）就荣获了奥斯卡大奖，并被《时代周刊》提名为"全球百强影响力人物"。她有才华、富有、漂亮、慷慨、务实。粉丝们穿着宣称她是他们的"灵魂动物"的 T 恤。她找人制作了这样的 T 恤——她自己也制作了很多。她是个倔强任性的假小子，恐惧社交，中学辍学，14 岁时独自一人搬到了纽约。她知道自己想要什么，不会受任何人的阻止。她绝对拥有"帖木勒"。

　　鉴于她的闯劲儿和成功，你可能认为她也会赢得谈判。然而，2014 年，索尼影业公司的电子邮件系统被黑客攻击，她和世人都发现：她主演《美国骗局》（American Hustle）的片酬，竟然比男主演布莱德利·库珀和克里斯蒂安·贝尔少数百万美元。作为回应，她在网上发布了一封公开信。她在信中写了她在听闻黑客事件，意识到真实情况后的感受：

我没有对索尼公司生气，我是生自己的气。我作为谈判者失败了，因为我过早地放弃。我不想为了几百万美元纠缠不休，说实话，我有两家特许商店，也不差这点儿钱……在当时，那似乎是个不错的主意，直到看见互联网上的发薪名单，我才意识到：和我共事的每个男人都不用担心被人说"难缠"和"任性"。

从这封信中，我们可以解读出很多的信息。我主讲的销售、公众演讲等影响力技能研讨课，有时会谈及性别问题。而谈判研讨课随时都会涉及性别问题。我给女性讲授谈判学时，几乎都没法讲完这个内容，因为我们每个人都有很多话要说：高声抱怨、提问、提供建议、庆祝成功、分析问题、拉把椅子坐着聊。

很少有女性喜欢谈判。根据我的调查，40%的男性说他们喜欢或酷爱谈判，但只有17%的女性说她们喜欢谈判。正如我们所见，薪酬谈判是压力最大的谈判之一，因此，女性比男性谈判少也就不足为怪了。全球人力资源公司罗致恒富公司（Robert Half）发现：获得工作邀请时，只有46%的女性会谈判，而相比之下男性为66%——我们这里说的可都是专业人士，他们肯定清楚工作待遇是可以谈判的。好消息是，谈判的这种性别差距正在缩小——年轻女性在职场谈判要比她们的母亲频繁得多。谈判有助于缩小薪酬的性别差距，而谈判培训有助于缩小谈判教育的性别差距。[48]

女性天生就更容易紧张，惊慌失措时，女性更容易"照顾他人和与人交友"（而不是"战斗和逃跑"）。因此，在压力重重的谈判中，女性更可能照顾他人、保持和谐，而男性更可能力争最好的谈判结果——而且是不断地争取。女性往往能准确判断风险，这就是她们作为华尔街股票交易员要比男性表现更好的原因之一，也是女性角逐政治竞选、挑战现任者可能性更低的原因 [49]——我们判断有风险，而且会有压力，因而决定这件事可能不值得去做。①

据我观察，为了避免谈判，女性可能会直接切入自己的谈判底线。从她们的角度看，这是慷慨之举，也的确是慷慨——她们在放弃有可能获得的一切。但问题的复杂性在于，对方并不知道这个数字就是她们的谈判底线，对方会将她们的底线视为谈判的起点，将她们不愿意让步解读为固执甚至是吝啬。她们对谈判局面，对自己缺乏谈判能力感到沮丧，甚至会沮丧地放弃谈判，从而失去找到创造性的、合作性的甚至更好的解决方案的机会。你想直截了当地给出自己真正的、最低的、"不这样做我就离开"的出价，这并没有错，但如果你这样做，你的沟通方式和风格就显得尤为重要：热情、和善、尊重。

我们女性甚至一想到谈判就会觉得难受，一个原因是：害怕自己提出要求或提出过多要求就会被人评判。这种想法并不疯狂，有时候，我们确实会因为自己提出的要求而面临对方的激烈反应。就在詹妮弗·劳伦斯进行合同谈判期间，安吉丽娜·朱莉因为提出的合同要求而被人骂作捣蛋鬼；我们女性追求或使用权力时，有时候会被人用性别相关的脏字眼辱骂。没有人会指责男人专横跋扈。这并不是说我们女性不能提出自己的要求。我们应该提出。我只是说

---

① 同现任者竞争，现任者的获胜率为 95%。对于公开预选——没有现任者参加的竞选——女性更可能参选，也更可能竞选成功。2020 年，民主党预选中的女性竞选人占 37%，公开预选中占 40%；在公开预选中同男性竞争，女性竞选人的获胜率为 73%。共和党预选中的女性竞选人占 20%，公开预选中占 24%；在公开预选中同男性竞争，女性竞选人的获胜率为 50%。

我们女性要游过性别歧视的潮水，比如：人们期望女性必须温和；女性不做粉饰地说脏话，人们往往就会觉得受到侮辱。这让我感到愤怒。我不能总是温和，谁也做不到，除非假装温和。我能理解人们期望我温和，但如果我没有表现出温和的迹象，他们就会介意或者评判我。

就算我态度温和，也并不表示我好说话。和善并非软弱，说的就是这个意思。我提出什么要求，我同意什么，这些和我对待人的方式毫不相干。温和使人愉快，这也是我通常追求的目标。温和也会让我自己愉快。一般而言，我是一个和善的、想要什么就说什么的人。我清楚自己的边界，当我说"不"时，我会尽量说得温和、俏皮："你在开玩笑吧？""我不可能做到那样！""绝对绝对绝对不行。"但这只是我，你可以做自己。

说到要提出什么要求，提出多少要求，边界应该是什么，女性不占有利地位。至少在职场是这样，我们女性拥有的朋友往往没有男性多。埃米尼亚·伊贝拉（Herminia Ibarra）对社交网络做过研究，她发现：男性更可能同工作同事交往，而女性往往同非工作朋友聚会。如果詹妮弗·劳伦斯同布莱德利·库珀和克里斯蒂安·贝尔关系更近，她可能就会更加自在地问："嘿，他们给你们多少钱？"男人们，请一定要和我们女性分享你们的薪酬情况，就像布莱德利·库珀和许多男演员已经向女演员们所承诺的那样，好吗？

很多女性被教导要勤奋工作，完成任务，然后下班回家，期望我们最终会获得应有的认可和回报。执行教练塔拉·莫尔（Tara Mohr）把这些称为"好学生习惯"。[50] 她在《大格局：找到你的声音、使命和信息》(*Playing Big: Find Your Voice,Your Mission,Your Message*) 一书中写道:"女孩子们在学校表现非常优秀,是因为学校要求的很多能力和行为都是为了使人做'好女孩':尊重权威,服从权威,遵守规则,取悦他人,在外部施加的框架中取得成功。如果是这样,那怎么办?"她继续写道:"'做好功课就行了'这一理念在学校被极大地强化,因为在校表现优秀不需要自我提升,只需要把作业做好并交给老师。"然而,老师不是老板,学校也不是职场,我们需要要求加薪、升职,承担好项目。我们需要知道如何让人们知道我们所做的出色工作,我们需要男性和女性在工作中相互支持的人际网络。

当女性将谈判目标设定为男性那样高,她们往往会做得和男性一样好。这表明,决定你结果的,更多的是你提出多少要求,而不是你如何提要求——尽管后者也很重要。经济学家尼娜·鲁西耶(Nina Roussille)分析了数千名工程师在网络平台求职的数据,结果发现:"薪资要求的性别差异几乎可以说明最终薪资的性别差异。我没有发现性别歧视的任何证据。事实上,根据简历特征,女性获得还价的机会还稍多于男性,根据面试情况,女性获得最终录用的机会同男性完全一样。"换言之,至少在这个研究案例中,雇主愿意付给男性和女性同样的薪资。但我们女性需要承担起责任,要提出和男性同样多的要求,尽可能多提几次要求。

到目前为止,我们所谈论的是谈判已经在进行中的情况,但谈判中最大的性别差异之一是:女性意识到自己可以谈判的可能性要远低于男性。多个调查研究、实地研究和实验均发现:情况不确定时，谈判的性别差异最大。我的同事芭芭拉·比亚西（Barbara Biasi）发现：当威斯康星州更改了和教师工会签订的合同，允许教师的工资有某种自由裁量权后，男性教师的报酬开始高于女性教师，而且这种性别差异还在逐年加大。男性一旦意识到自己可以谈判，他们就会去谈判，而女性的谈判意识不是太强。

营销学教授黛博拉·斯莫尔（Deborah Small）和她的同事将参与者带入实验室，玩Boggle拼字游戏。玩家们被告知他们会获得3美元至10美元的报酬。游戏结束后，一位研究人员统计玩家获得的点数，交给他们3美元，说："这是3美元。3美元可以吗？"（每个争取更多钱的玩家都得到了满足。如果他们继续争取，甚至可以得到10美元。）只有3%的女性玩家提出要更多的钱，而男性则为23%。

琳达·巴布科克（Linda Babcock）是这个Boggle游戏实验的合作者，她写了一本书（《女人不提要求》），讨论性别和谈判之间的关系。[51] 她发现就连她自己也存在性别盲点。她意识到她将最好的教学任务都给了自己的男性博士生。为什么？因为他们争取了。

我们要代表自己，代表那些关心我们的人，像琳达·巴布科克的男性博士生那样去争取。虽然我们是女性，但我们必须争取。但如果我们身处权力位置，就不必等待他人来请求。如果我们身处领导职位，就要确保权力、金钱和荣誉不只是流向那些请求最大声、最频繁的人。如果我们满足了某个人的要求，那同样也要满足那些本来可以提要求的人——一旦明白真实情况后，琳达·巴布科克就是这样做的，她开始更公平地分配教学任务。

你也许听说过，女性代表别人跟人谈判时，她们做得和男性同样好，有时甚至会更好。这种成功和无私无关，而和角度差异有关。帮他人谈判时，我们女性会设定更大的目标，更坚持不懈，更自信，更温和，需求更少。我们感觉更舒服（压力更小），我们不会让谈判情况往心里去。我们更快乐，因而对方的谈判者也会更快乐。但我们也需要找到替自己这样谈判的方法。

如果你一想到代表他人谈判就感觉更舒服，那就尝试将它作为你替自己谈判的框架。真的，你可以这样想：每次谈判，你都是在为其他女性未来成功谈判铺平道路。你在发挥角色榜样的作用。如果你为自己谈判得到更多的金钱，你就可以对他人更慷慨。如果你为自己谈判得到更多的时间，你就会更经常地处于最佳状态，这对其他人也会有益处。

索尼影业公司电子邮件系统遭黑客攻击的第二年，詹妮弗·劳伦斯回到了谈判桌，这次是为电影《太空旅客》（*Passengers*）的女主角谈判。我不知道她要求的目标薪资是多少，但我知道她谈判得到的 2000 万美元使她成为好莱坞片酬最高的女演员，我知道她比影片中的其他男主角多赚了 800 万美元。我还知道，她为自己的家乡肯塔基州科赛尔儿童医院捐赠了 200 万美元，也是路易斯维尔艺术基金会的主要捐赠人。

过去，詹妮弗·劳伦斯不想为了并不需要的 200 万美元纠缠不休而放弃了谈判。在谈判《太空旅客》的合同时，她也不需要这笔钱，但这次她很清楚：这笔钱意义重大，以及她为那些崇拜她的数百万名女性做行为榜样为什么很重要。她的谈判决定既是她送给自己的礼物，也是送给其他很多人的礼物。

如果你决定要谈判，谁会从中受益呢？

第**8**章

黑魔法防御术：
警惕外界的负面影响力

鲨鱼最有趣也最危险的一点是它的隐蔽性。你必须靠近它的脸，才能看见它口鼻部和脸颊上分布的黑色小孔。这些小孔通往充满胶体物质的皮下狭窄管道，同一个叫作洛仑兹壶腹的结构相连接。这个壶腹结构得名于 17 世纪那位首次发现它的医生，但洛仑兹并不清楚它的用途。直到 20 世纪 60 年代，研究人员才发现壶腹结构具有第六感的功能，可以感应到电流的存在。

所有生物都会发出电磁场，有了这个壶腹结构，鲨鱼就能定位猎物，哪怕猎物躲藏在沙子下面。电流感受器并非鲨鱼独有，但鲨鱼拥有动物界最灵敏的电流感受器。大白鲨能感应到百万分之一伏那样细微的电磁场变化。可以说，吸引鲨鱼的是电能。

本章将探讨影响力的黑暗面。随着你的能量不断增强，你就会吸引"鲨鱼"更多的注意力，你是这些人的对手，也是他们的猎物。他们冷血，喜欢恐吓、欺骗和操控，通过蒙骗获得自己想要的东西。他们有的渴望控制权，有的寻求性色，但大多数情况下，他们只是为了猎取金钱。

无处不在的谎言与骗局

　　吉宁·罗斯（Geneen Roth）和她的丈夫马特在寻找一位理财顾问。吉宁是一名作家，也是一位辅导顾问，为那些存在饮食问题的妇女提供咨询服务；马特是一名商业演讲人。他们不富裕，但生活还算舒适，他们希望能过得更舒适一些。

　　路易斯·依扎罗似乎是能帮到他们的那个人。在他位于加州酒乡的别墅里，他们见了面。他穿着精致西装和古驰皮鞋，开着奔驰车，并且汽车牌照还是靓号。吉宁的"鳄鱼"大脑接收到这些细节信息，它们都在告诉她：这个人懂钱。他们聘他为税务顾问，尽管他没有税务执照。他和他们订立信托契据，这样他们的钱就会安全。

　　几年来，依扎罗都会出席吉宁的新书签售会和他们的家庭晚宴，他们之间的职业边界逐渐变得模糊，并最终变成了亲密的朋友关系。因此，当他随意提到他有一个独家机会，可以购买一家还未上市的科技公司的股票时——只限于他最特别的客户——吉宁内心感到一阵激动：**他把我们当作特别的人。**

"我希望你们把所有的钱都投进去，你们肯定会成为亿万富翁。如果做亏了，我会把你们投入的每一分钱都还给你们。"

突然间，吉宁和马特被人引导着穿过一个神秘的入口，进入了人人都会一夜暴富的秘境。他们一直都没怎么想暴富，但这个意外的机会激发了他们的欲望——为什么他们就不能像其他人那样拥有两幢房子、三幢房子、游艇和名贵服装呢？这个机会太好了，是真的吗？嗯，利用杠杆让钱生钱，那些富人不都是这样变得更富的吗？

依扎罗是没有执照投资吉宁和马特的钱，但他是他们的朋友。而且，他给出的投资机会没有任何风险。为了安全起见，他们只把自己1/4的积蓄交给了依扎罗去投资那只科技股票。他们不需要成为亿万富翁，成为千万富翁就已经很不错了。

一年半后，那只科技股即将上市，吉宁和马特想找依扎罗讨论首次公开募股（IPO）的细节问题，可怎么都找不到他。他们感到一阵恐慌，开始查看依扎罗这些年替他们打理的其他小额投资，结果却发现他们的钱从未进入那些账户。路易斯·依扎罗在假装成他们朋友的整个期间，一直都在偷窃他们的钱。

依扎罗的事情让吉宁和马特深受伤害，现在人到中年的他们再也不想和那些说得天花乱坠的理财顾问打交道，也不再相信那些快速致富的理财计划，他们需要的是安全的、回报良好又可靠的投资。他们的朋友理查德很富有，功成名就，建议他们加入他父亲几年前发现的一个投资基金。它的表现好于股市，而且自成立之日起就从来没有亏过钱。它只对朋友和家人开放，但他们因为依扎罗亏了那些钱，所以他希望他们加入。要管理他们的钱，还有谁是比全球第二大股票交易市场纳斯达克前主席更好的人选呢？

除了 5000 美元活期存款和房屋定金，吉宁和马特将他们所有的钱都投给了伯尼·麦道夫（Bernie Madoff）。股市不时地会暴跌，投资共同基金的朋友也抱怨不停。然而，市场波动从未发生在麦道夫的投资者身上。吉宁和马特每个月都会收到点阵打印的账户报告，他们的投资一直在稳定增长。

虽然这些难懂的账户报告让人感到放心，但他们总觉得情况有些不对劲儿，也许是依扎罗给了他们糟糕的经历。朋友征求投资麦道夫的建议时，吉宁告诉她要分散投资。吉宁说，虽然她自己把所有的钱都投到一个地方，但这并不是明智的做法。

怀疑是悄悄话，不是警报声。希望会蒙蔽清晰的思考。数年来，吉宁经常问理查德，麦道夫怎么能做到那么稳定的投资回报。理查德每次都对麦道夫复杂的"价差执行转换套利策略"长篇大论一番。约翰·奥利弗曾开玩笑说："要想做坏事，就把它包装成枯燥乏味的东西。"这种投资策略太枯燥，太复杂，吉宁不可避免地感到云里雾里。她在回忆录《失而复得：关于食物和金钱的意外启示》（*Lost and Found: Unexpected Revelations About Food and Money*）中写道："他讲的什么，我一点儿也听不懂，5 分钟后，我就迫不及待地要他住嘴。我用自己建构的幻想来填补理解空白：直到他被捕那天，我一直都认为伯尼·麦道夫是理查德父亲的好友，他俩共同创建了一家非常小的投资公司，只有他们的家人和 30 来个关系很近的朋友。我的幻想很美好，但完全错了。"[52]

2008 年 12 月 11 日，联邦调查局探员敲开了伯尼·麦道夫位于纽约的公寓大门，他明白探员为何来找他。

"我们来这里，是要看看你是否有无罪辩解。"

"没有任何无罪辩解。"麦道夫回答道。

至少 16 年，也许是数十年来，他一直在运作这个庞氏骗局，其资产规模之大——如果确实存在的话——将让华尔街的任何一家银行都相形见绌。联邦调查局的调查显示，来自 136 个国家的 37 万名投资者给伯尼·麦道夫"投资"了 650 亿美元。然而，这些钱全都是通过理查德（结果证明他也是受害者，不是帮凶）这样的"支线"进入的，因此，投资者会上当受骗，以为自己属于一个小投资群体，很幸运拥有如此特别的投资机会。麦道夫营造了神秘氛围，使他免于回答问题。如果你刨根问底，他就不要你的钱。如果你是替伯尼·麦道夫拉钱的基金经理，你会得到丰厚的佣金，因此，你也不会太过深究。

吉宁和马特将自己一辈子的积蓄都交给麦道夫时，对冲基金、慈善机构、各大银行以及梦工厂动画公司 CEO 杰弗瑞·卡森伯格、纳粹大屠杀幸存者和诺贝尔奖得主埃利·威塞尔、纽约大都会棒球队老板、演员凯文·贝肯都已经是他的"客户"了。如果麦道夫一次性盗走所有的基金，他的骗局就会被发现。但期间有些投资者支取过自己的钱，因而这个基金看上去是合法的。那些被支取的钱来自吉宁和马特这样的新投资者——这就是庞氏骗局的运作方式。

麦道夫的投资者并不是傻瓜。骗子喜欢捕食成功人士——薪水更高 [53]，受教育程度更高，甚至具备的金融知识更多 [54]——因为他们更有钱。这些人认为他们知道自己在做什么，至少他们信任的人知道他们在做什么。然而，正是这种心态使他们更容易被操纵。

我们不善于发现说谎的人。在针对 15000 名参与者的实验中，心理学家保罗·艾克曼（Paul Ekman）发现：人们发现谎言的准确率，仅比随机概率高 5%。就连训练有素的测谎专家的准确率也只比随机概率高 10%，尽管他们对自己的判断信心十足。[55] 测谎仪本身就不太可靠，因而不会被法庭采纳为证据。如果你有孩子，你会确信自己知道孩子什么时候在撒谎，但你也可能是错的。我们所依赖的线索——不舒服的迹象——具有误导性。很多说真话的人会感觉不舒服，而很多说谎话的人会显得非常平静。尤其是那些经过大量说谎训练的人，你一定要小心提防。这就是我们需要寻找其他迹象的原因。

在美国，每年都有 10% ~ 15% 的成年人会落入骗局。但几乎每个骗局都有示警"红旗"，如果他们知道要寻找什么迹象，就会收到危险警报——鲨鱼探测器。

被操纵时的示警"红旗"

尽管操纵者会百般掩饰，但他们依然会露出线索——你需要警惕的示警"红旗"，但第一个示警"红旗"很难发觉。操纵伎俩旨在让你切入"鳄鱼"模式，这样你就会做出自动反应，而不会理性评估。（正因如此，当别人是目标时，你发现示警"红旗"要容易得多：你处于"法官"模式，而他们陷入"鳄鱼"模式。）高明的操纵者知道如何制造那种混乱，让你的自我保护本能与你作对。

因此，让我们来看看这些可能激发"鲨鱼"兴趣的迹象。这些迹象本身不一定都有罪过，但如果你发现其中任何一种迹象，请密切留意更多的迹象。

示警"红旗"1："乙醚状态"

　　成为"鲨鱼"的受害者，会让人非常尴尬。把银行卡信息告诉陌生人，你在想什么？晚上 10 点去宾馆房间参加"商业聚会"，你在想什么？掏出身上所有的现金交给那个丢了钱包、急需购买教材的工科学生，你在想什么？我们每个人都有过类似的经历，对这些问题的回答可能让你大吃一惊。

　　你什么也没想，至少没有像你平常那样想。有个骗子对《智胜骗子》（*Outsmarting the Scam Artists*）一书的作者道格·沙德尔（Doug Shadel）这样讲述其骗术："作为一个推销成交高手，我的第一个目标就是让受害者进入'乙醚状态'。'乙醚状态'是一种意识模糊状态，你的情绪被煽动，你感到非常激动，分不清南北。一旦我让你进入这种状态，你是聪明还是愚蠢都不重要了。乙醚每次都会打败智商。"

　　在这种状态下，"法官"还没有机会介入，"鳄鱼"就早已过载。这种谵妄状态可以解释我们面临危机时经常表现出的那些怪诞行为。有位警察用枪误射了自己，他不停地拨打查号电话 411，最后才叫接线员给他接通报警电话 911。2001 年 9 月 11 日，刚发现纽约世贸中心大楼遭到飞机袭击时，很多人花了宝贵的半小时收拾个人物品，给家人打电话，然后才慢悠悠地走下楼梯。

骗子和其他操纵者会刻意地煽动我们的情绪，以确保我们不能清晰地进行思考。更糟糕的是，你甚至不知道自己处于"乙醚状态"。你就像是醉鬼，自信地伸手去掏车钥匙——你的意识处于变异状态（altered state），但自己没有觉察到。事后无法解释的那些决定，就是因为"乙醚状态"。

只要情绪上涌，你就会进入这种脆弱的状态。一天深夜，我被电话铃声吵醒，那是一个墨西哥的陌生号码，电话里一个陌生人操着浓厚的地方口音，语速很快，显得非常悲痛："你弟弟，他刚刚出了严重的车祸。"

噢，天哪！我的心脏开始怦怦直跳，喉咙发干。

"他昏迷了，他们在送他去医院。"

谁出了车祸？他说的是我妹妹米卡吗？我想她应该待在费城的家中吧，难道她去旅游啦？我感到迷惑、害怕、无助。我说："我没有弟弟，请告诉我是——"电话断了。事后想来，如果那个骗子碰巧说的是"你妹妹"，那我很可能会因此上当受骗。

贪婪是另一个经典的"乙醚发生器"。著名作家厄普顿·辛克莱（Upton Sinclair）曾经写道："一个人靠不明白某件事情赚钱，你就很难让他明白这件事情。"色欲是强大的"乙醚发生器"，愤怒也是。有个骗子吹嘘说："信不信由你，最好的推销对象，有些就是那些不快乐的客户，他们给我打来电话，大喊大叫，抱怨说这个产品如何让他们受骗上当。我会让他们发泄，直到他们累得说不出话来，然后我就和他们成交。情绪就是情绪，愤怒的效果完全不亚于兴奋或恐惧。"

　　"乙醚状态"还可以通过身体诱发。最近，研究人员已经确认牧师、巫师、将军和教主们早就知晓的事情——人们参加击鼓、游行、跳舞、吟唱等同步而有节奏感的活动时，他们的服从性会更强。他们感觉充满力量，与群体相连，因此，他们更有合作精神。当节奏感强的群体活动与扰乱心神的吵闹音乐、闪光灯或睡眠剥夺相结合时，"乙醚状态"的力量甚至更为强大。兴奋、欢快、焦虑、迷茫、相互连通或精神狂喜等状态都会让人很难清晰地思考。不管我们有多聪明，"乙醚状态"都会让我们任何人在任何时间成为受害者。我们可能不会意识到自己陷入了"乙醚状态"，因此，我们可以看看下面这些"鲨鱼"在身边游弋的迹象。最明显的一个迹象和"乙醚状态"是近亲：紧迫感。

示警"红旗"2：紧迫感

　　紧迫感会引起一种德语里所说的"闭门恐慌"（Torschlusspanik）状态。该术语可追溯至中世纪：黄昏时分，农民们纷纷冲回城堡里的家，害怕夜幕降临时城门关闭而被关在城堡外面。

　　将这个古代的术语置于当代语境，引起 2020 年"厕纸大恐慌"的就是"闭门恐慌"。随着疫情破坏了供应链，世界各地的人们冲进超市抢购厕纸，能抢多少就抢多少（有些人抢到的厕纸够用好多年），同时，其他人也感到惊慌，"闭门恐慌"不断蔓延，直到超市货架空空如也。在悉尼和加利福尼亚，警察不得不出面制止厕纸引发的打斗和争吵。在某地，持械盗贼从超市偷走了 600 卷厕纸，没有去碰收银机。

　　紧迫感源于对"短缺"的恐惧，不管是时间、用品还是机会。"错失恐惧症"会让我们做出平常永远不会想到的事情。神经学家发现，紧迫感会过度刺激大脑中帮助我们进行价值判断的区域（我必须拥有这个东西），同时让大脑帮助我们做出计划的区域边缘化（预算？什么预算）。我们以为推销让人兴奋是因为推销的商品，但更让我们兴奋的是他们营造的紧迫感。

　　几乎所有交易型推销的话语都会制造某种形式的紧迫感。推销员会这样说："我们公司不讨价还价。不过，我们有当日购买奖励。如果你选择今天购买，我可以给你一些折扣。这样做公平吧？"

　　确实公平，甚至不能更公平了，对吧？但当日奖励只是一个策略，趁"法官"没有时间深思熟虑，让"鳄鱼"凭直觉做出购买决定。面临时间压力，或者陷于"错失恐惧症"时，你不能指望自己做出明智的决定。我定下一个政策：任何重大决定，都要留到第二天再做。我让别人做重大决定，也会请他们第二天再做。这样我们就可以确保"鳄鱼"和"法官"都在说"是"。采用这种方法，很快你就会发现：紧迫感战术大都是虚张声势。如果他们今天卖给你东西，你真的认为他们明天不会卖给你吗？

　　如果你打算在自己的"鲨鱼"时刻运用紧迫感战术，就要知道这种战术常常会适得其反。在一项涉及 31 万个购买决定的营销研究实验中，来自谷歌公司的英国市场洞察团队的研究人员发现：在他们所测试的所有行为策略中，"只在今天""仅剩两个房间"之类的营销战术的效果最差，也最容易惹人不快。[56] 正如研究人员所说的委婉之言：它往往会"引起负面反应"。

示警"红旗"3：专属感

专属感与紧迫感相关，因为它是关于有限的可用性，但两者也存在细微的差异。基于你的价值——你的财富，你被给予这个排他性的机会，专门属于特别的少数人。紧迫感吸引你内心两岁的孩子（**你不能得到这个**），而专属感影响你内心的青少年（**你想成为酷仔吗**）。专属感是 VIP 标志，常春藤名校，名流聚会，钻石会员 / 铂金会员，需要会员引荐的俱乐部或社交圈子。专属感是地位的保证。当你的潜意识在问："我有价值吗？"专属性机会就会回答："是的，只要拥有这个机会。"

阿谀奉承、不确定性和"错失恐惧症"都可以强化专属感战术。关于奉承的研究结果很容易总结：它会对你起作用，即使你认为它对你不起作用，即使你清楚奉承者别有用心，即使奉承者是一台说你很棒的电脑。地位的不确定性让我们特别容易受到专属感的影响，而"错失恐惧症"会火上浇油。

猫屎咖啡是世界上最昂贵的咖啡，每磅售价 600 美元。它产自印度尼西亚山区的麝香猫故乡。麝香猫是一种棕褐色动物，看上去很像家猫和负鼠的后代。麝香猫喜欢吃咖啡浆果——浆果里面就是咖啡豆。随着咖啡果穿过麝香猫的消化道，无法消化的咖啡豆会带上一种特别的复合酶，据说可以降低排出的咖啡豆的酸味。将这些咖啡豆进行清洗、烘烤和煮泡后，就可以品尝了。

没错，世界上最昂贵的咖啡是由麝香猫的粪便制成的。[57] 这听起来就让人恶心，但如果你去西爪哇高地旅游，听到那里的推销宣传语，你就会有这种感觉：不管多贵，我都要买这个猫屎咖啡！然而，在西爪哇高地的当地人看来，猫屎咖啡只不过是游客才会购买的又一种愚蠢的高价商品。（是的，我买过。不，它没那么特别。后来我了解到，麝香猫受到虐待，80% 的麝香猫都是假冒的。）

伯尼·麦道夫能够如此成功地让人们掏钱，部分原因是他不会将任何人当作客户。你必须有引荐人。在充满膜拜性的团体中——个人提升膜拜、商业膜拜、精神信仰膜拜——专属性的形式是少数人能够花高价接近魅力四射的领导者。一次小型的集体隐修可能就要花费数万美元。VIP 会员每年可能要花 10 万美元。这些团体很多都采用"高压"推销战术，鼓励"信徒"花钱，如果他们没有钱，就会刷爆信用卡，取光退休金。领导者会说这是他们的自由决定，但如果他们对脆弱人群同时采用"乙醚状态"和专属感等致幻性战术，那我想说的是，这并不是自由的决定。

如果我们有时间思考，专属感的影响力就会有所减弱，但不一定会消失。**你好，自我，给你！** 当你感觉到被拉拽的时候，请查看你周围是否有"捕食者"。

示警 "红旗" 4：好得难以置信

玛丽亚·康尼科娃（Maria Konnikova）在《我们为什么会受骗》（*The Confidence Game*）一书中写道："每个人都听说过这句老话：'好得难以置信，可能就是假的。'但轮到我们自己，往往就会盯着'可能'这两个字。"

好得难以置信的说法，通常都伴随着紧迫感策略。如果你有更多的时间考虑，就会慢慢发现其中的陷阱。英国电视纪录片《骗术真相》（*The Real Hustle*）摄制组隐蔽跟随一组演员，对毫不知情的公众"上演"著名骗局。在《黑钱》一集中，一位口齿伶俐的演员在跳蚤市场向人们兜售喷有油漆的纸张，结果人们你推我挤，挥舞着钞票，迫不及待地购买这些纸张，能买多少就买多少。

对你这个处于"法官"模式的观察者而言，这场骗局无疑是荒唐可笑的。然而，那些人被告知：国家造币厂超印了纸币，而销毁纸币是犯罪，所以就给那些多余的纸币喷上黑漆，使它们无法流通使用。有人偷盗了一卡车这样的纸币，想出了一种使用化学喷剂和滚轴使其复原的方法。那位演员演示了复原过程，众目睽睽之下将一张喷有黑油漆的纸张变成了 10 英镑的纸币——你们只需花 10 英镑，就可以购买 10 张这样的废纸币，还附送化学喷剂和滚轴。你没听错：你可以得到已经作废但可轻易复原的 100 英镑纸币——价值是你所花金钱的 10 倍。但你们最好赶快购买，那些人需要马上出手这些黑钱。

聪明人不可能相信这样的故事，对吧？然而，洗钱骗局在世界各地都在成功"上演"，骗取了很多聪明人数千美元。受骗者几乎不会向警方报案，原因是他们肯定会感到羞愧，有时候是他们也参与了不法交易。

同"乙醚"——口若悬河的拉客者、情绪激动的人群——保持安全距离，你会很容易发现：这个交易好得难以置信。如果那些盗贼有一卡车废纸币，也知道复原纸币的方法，那他们为什么还要以 1 折的价格出售纸币呢？他们为什么要公开承认自己的犯罪行为呢？这个情节毫无道理，但它展开得太快——受骗者目睹了"确凿"的证据：喷有油漆的纸张变成了真实的 10 英镑纸币。更不用说还有群体证据：其他很多人（也许还有托儿）都在叫嚷着抢购。

示警"红旗"5：半真半假

谎言是明显的骗人迹象，但虚张声势、误导歪曲和夸大其词也都是示警"红旗"。不在乎事实的人，也会不在乎你。有位瑜伽师曾经告诉我说，他可以在 10 分钟内开车横穿洛杉矶城，因为"你在精神上进化后，普通的时间规则就对你不适用了"。我后来得知，很多妇女指控他是性捕食者。我猜，时间规则并非不适用于他的唯一规则。

营销人员对"真相可以选择"这一理念要承担很大的责任。在电影《圣诞精灵》（*Elf*）中，威尔·法瑞尔（Will Ferrell）饰演一个由北极的精灵抚养长大的人。他返回纽约城后，很快就注意到一家餐馆外面的招牌，冲进去兴奋地高声喊道："你们做到了！祝贺你们！'世界上最好喝的咖啡'太棒了，很高兴见到大家！"

他的天真举动非常好笑，因为我们早已习惯了不理会这样的说辞。每个人都知道，"世界上最好喝的咖啡"这样的吹嘘招牌没有任何意义。但如果你仔细想想，它又具有意义：不管是谁说的这个，他并不在乎它是不是真的。

　　有些说辞，我听见后随时都会保持警觉："我保证""苍天做证，绝对是真的""100% 是真的""说真的""老实跟你说"。这个人为什么要保证、强调和断言他说的是真话？他肯定预料到你会怀疑。不可能是好事。听到对方半真半假的话或主动做出的保证，你就应该保持警惕。

示警"红旗"6：神奇的金钱思维

很多个人提升教练和精神领袖都信奉这样的理念：我们心里想什么，生活就给我们什么。例如，正向地思考财富，想象自己生活富裕，我们就更可能有钱，财富会被吸引过来。对精神探求者来说，这就是"吸引力法则"。

传闻的证据有组织地来自那些教导。那些经历过财富故事的人都渴望分享自己的成功，因为他们的财富是自我的很好的证明。他们有精神信仰，"觉醒"，平和，蒙受上苍之爱。你会听说有人一度彻底破产，通过扔掉信用卡表明自己的信仰，结果上苍就伸出了援助之手。另一方面，那些穷困潦倒、债台高筑的人是不会公开讲述自己的故事的，因为他们的失败意味着：他们没有价值，不配蒙受上苍之爱。

芭芭拉·艾伦瑞克（Barbara Ehrenreich）在《乐观心态：无休止提倡正向思维是如何侵蚀美国的》（*Bright-Sided: How the Relentless Promotion of Positive Thinking Has Undermined America*）一书中描述了这种神奇的思维：

　　"我的妹妹从纽约过来度假，她将一个手工制作的皮包扔到我的钢琴凳上，说：'看见这个包了吗？我的身份证明。'看过《秘密》(*The Secret*) DVD 后，她受到激励，认为自己配有这个包，于是就刷信用卡买下了。"[58]

　　如果你遇到"吸引力法则"，受到激励要交出一大笔钱，请暂停一下。即使你接受那种观念，也要明白：在那些想为自己谋利的人面前，你的信仰很容易让自己成为他们的受害者。

　　同我们前面讨论过的那些示警"红旗"一样，这个示警"红旗"也并非确凿无疑的"铁证"，但它可以让我们仔细想想，确保正在发生的事情是合法正当的。如果事关专属感（经常会），也许你不必急于加入铂金会员。刷信用卡之前，也许你该先想想自己有多少钱。

示警"红旗"7：不理会你的坚定拒绝

　　我在前面鼓励你要锲而不舍，做"温驯的雷龙"？是的，没错。但
"温驯的雷龙"不会无礼地纠缠，会征得对方同意后再跟进。如果对方
要求"温驯的雷龙"离开或不要再问，他就会照做。如果你对他的请求
坚定地说了"不"，他就不应再继续纠缠你。如果他锲而不舍地纠缠，
你就应该知道他不在乎你的想法，而这就是明显的示警"红旗"。如果
你为了照顾对方的感受而含糊其词，你可能想知道是否有误解，你可能
觉得是自己的责任。你坚定地说了"不"，如果对方仍然锲而不舍，那
这就是示警"红旗"。

示警"红旗"8：忽冷忽热

　　对待一个人最具心理虐待性的方式是忽冷忽热。如果有个关系亲密的人——父母、伴侣或老板——这样对待过你，你就会熟悉这种既心怀希望又提心吊胆的有毒"鸡尾酒"。**如果我这次把事情做对，也许一切都好了**。对方一向冷酷，你至少知道后面会发生什么，你可以提前做好准备。但不知道会发生什么，意味着你根本无法放松身心，总是处于紧张状态，你就会顺从：你接受这是新的常态。很多陷入虐待关系的人都未能意识到这种关系的实质。

　　有时候，这种情绪"过山车"来自一起工作的两人团队，就是你在很多电影里看到的那种好警察／坏警察套路。现在，警察审问不再用红脸／白脸策略，到 20 世纪 40 年代，这种审问策略就已经被视为过时的了。但有组织的诈骗团伙或具有操纵性的推销场景仍然在普遍采用这种策略。

　　分时度假营销因为采用高压推销战术而声名狼藉，我感到很好奇，因此耐着性子体验了一回。我和我朋友在海滨度假时，有人向我们承诺：只要我们去一个高端度假胜地听听分时度假销售会，就可以免费体验水肺潜水。为什么不呢？在他们高谈阔论之前，一位友善的、名叫卡洛斯的销售代理和我们边吃美味的早餐边闲聊。销售演讲会结束后，我们游览了那个美丽的度假胜地，卡洛斯邀请我们投资，我们礼貌地拒绝了。他降低了价格，我们再次拒绝了。那个度假胜地确实还不错，我们准备去水肺潜水。

可是，他不想给我们潜水卡。卡洛斯的经理过来查看事情的进展，卡洛斯告诉他我们不感兴趣。这位经理看着我，就像是老鹰盯着花栗鼠，然后坐在了桌子对面的卡洛斯的位置上。他开始责问我们，指责我们贪婪，言行不一，根本就没想认真考虑这个投资机会，只想骗他们的免费潜水。

他说的当然有道理，但如果我们反驳，就正中他的下怀。通过指责我们，他就将我们置于不得不自卫的境地：**我们当然对这个度假胜地感兴趣。是的，这里显然是一个很不错的休闲之地，分时度假也是很好的、价格合理的度假方式。**如此一来，不但意味着我们要细数分时度假的种种好处，甚至我们还可能因为感到内疚而签单。我们还是说了"不"。他把笔扔到地上，气冲冲地离开了。

一直站在那里、神情沮丧的卡洛斯一再地向我们道歉，请求我们再待一分钟。他小跑着去追他的经理。返回来时，他再次替经理向我们道歉，说经理今天心情不好。为了表达歉意，他送给我们一张织毯和一杯朗姆酒。然后，他给了我们从未给过任何人的超低价格，他说经理今天心情很糟，所以，如果我们抓住这个超值的交易，今天经理肯定很开心。

有些情况下，"坏警察"是根本就不存在的唬人的鬼怪。和你谈的那个人愿意满足你的想法，但不是他说了算。我曾经为一家小公司的老板工作，他的名片上印着"总经理助理"头衔。我问他："谁是总经理？"他回答说："没有什么总经理，我只是想让大家都认为我是好人。"

在电影里或是镜头外，不管什么时候，每当有个不那么好的人出现时，那个好人就可能并没有他看上去的那么好。

示警 "红旗" 9：怪怪的感觉

加文·德·贝克尔（Gavin de Becker）是人身安全（和个人暴力）领域的全球顶级专家，他强调指出：他访谈过数百位个人犯罪的受害者，几乎所有的受害者都有过某种怪怪的感觉，这种感觉本来可以让他们安全离开的。[59] 他们的 "鳄鱼" 在发出信号：**这里的情况有些不对劲儿**。但接着否认开始起作用，为这种感觉辩解。我们会找各种借口，因为我们不想把别人想得太坏，我们宁愿死也不愿显得粗鲁无礼。有时候确实会死。

这种不安的感觉可以是救生圈，但也容易出现错误或丑陋的偏见。你的潜意识报警系统是被设计来保护你和你部族的安全的，但它也可能会过度保护。我们要学会不理会那些怪怪的感觉，因为它们经常被证明是错误的。午夜楼梯发出嘎吱嘎吱的响声，结果只是你的孩子去喝水，因此，下次你被房间里的响声吵醒，你就会认为可能没什么事，然后接着睡觉。

在这个分界线的两侧，我们都听说过恐怖故事。忽视怪怪的感觉，可能会带来致命的后果，但过度反应也会导致悲剧。你很难分清这种内在的直觉警报发出的是真实的危险还是只是偏见性的本能恐惧。**和我不一样！和我们不是同类！**

　　旁听我课程的一位英国外交官介绍了英国伦敦"7·7"恐怖袭击给他造成的创伤。放置在三座地铁车站和一辆双层巴士上的炸弹夺去了52 条人命，还有 700 人受伤。伦敦人不确定恐怖袭击是否结束了，仍然感到紧张不安。这位外交官在乘坐地铁时，突然一个衣着得体、貌似中东人的男子进了地铁车厢，他戴着祈祷帽，手里拎着一个圆形大帆布袋。这个陌生人坐了下来，开始做祷告。外交官感觉自己血压飙升。帆布包里装的是什么？他为什么要做祷告？他是要完成使命的自杀式炸弹袭击者吗？我应该给列车长报警吗？我应该拉响警报吗？如果我弄错了怎么办？如果他只是虔诚的信徒怎么办？

　　这位外交官没有发出警报，但他还没有到站就提前下了车，他感到迷惑和惭愧。他也意识到了这件事情的讽刺性：他自己也是一个衣着得体、貌似中东人的男子，只不过手里拎着的不是帆布包而是公文包。他也可能让别人产生怪怪的感觉。

　　如何区分有效的预感和其他感觉，对此，我没有任何万能的好建议，这是属于深不可测的、隐秘的、"鳄鱼"的领域。你无法有意识地控制你的本能反应和恐惧。在某些方面，我们每个人都存在偏见，虽然你可以学会注意自己的某些偏见，但你不可能控制它们。你能控制的是你如何对待这些预感。你可以区分你对那些自顾自生活的人的反应与你对那些想介入你的生活的人的反应。

　　只要你对某个想影响你的人产生了怪怪的感觉，或者你留意到上述某个示警"红旗"，那就要时刻保持警惕，寻找更多的线索。或者只需坚定地说"不"，然后离开。请记住：没有人随时都能对坏人免疫，即使是那些受过防御坏人的良好训练的人；当"鳄鱼"过载的时候，"法官"就很难抵达。不要苛求自己，不过，只要稍经练习，你就能更好地感应到周围的示警"红旗"，提升你的第六感，远离可能在四周游弋的"鲨鱼"。

天使与魔鬼

玛丽是我见过的最酷的人。我当时 16 岁，她比我大 2 岁，我俩都远离父母，搬到意大利，在当地家庭里寄住一年。我喜欢法国电影，而玛丽很像一部法国电影里的一位演员。她不费吹灰之力就能成为人们关注的中心，她就是注意力中心。她看着你的时候，你会感觉自己裸露无遗。当然，她也很漂亮：眼睛像猫眼，清澈明亮；睫毛又黑又浓；一头长发，蓬松而闪亮；嘴唇丰满；还有颗完美的虎牙。她不是很瘦，但她不在乎别人怎么想她的身材，也不在乎别人怎么想她。

在美国国内，我和朋友们装作对世界漠不关心，但我们能够敏锐地感觉到每个人对我们所做的每件事情的每种反应。结识玛丽之前，我甚至都没有注意到这种近乎痴迷的自我监察。她精彩地做自己。我也想做玛丽那样的人，但我清楚：努力做别人，你是不可能做你自己的。有一段时间，我的确吸起了烟，因为玛丽歪着头盯着你的眼睛吐出烟圈的样子实在是太酷了。

11 月份，美国感恩节到来的时候，一群交换学生在意大利安科纳相聚，在我们美国朋友的家里庆祝感恩节。她寄住的那家人不在家，所以我和她第一次做了火鸡肉。就只有一只大火鸡腿，我俩做了几个小时，味道却很糟糕。但我们的荷兰朋友带来了几瓶葡萄酒，所以我们喝了很多酒。借着醉意，我们把双手伸进对方的毛衣袖子里，表演起手势哑剧。我们孩子般地放声大笑，因为我们就是孩子。

傍晚时分，我和玛丽告别了朋友们，步行一英里到公交车站，醉意迷蒙，冷得发抖。我们等着公交车，等啊等，早就该到站了；为了想象中的暖和，我俩抽着玛丽的香烟。正当我们在讨论要做什么时，一辆黑色奔驰车慢慢靠边停下。后排座位的有色车窗滑了下来，露出一张英俊的脸。

"你俩看上去很冷，"他微笑着说，"你们要去哪儿？"

他说话的口音很重，但说的不是意大利语，黑色的卷发，黝黑的皮肤，亮白的牙齿。

"我们在等公交车去火车站。"

那位帅哥向同伴说了些什么，然后冲着我们咧嘴微笑。"我们刚好顺路。"他下车拉开后车门，骑士般地弯腰说道，"请上车。"

我和玛丽看了看对方——耸了耸肩。这些男人可能会调戏我们，但玛丽只需一个眼神就能抵挡男人的调戏。火车站只有10分钟的车程，公共汽车可能根本就不会来，而且又那么冷，我俩便上了奔驰车。

司机问候了我们，但似乎听不懂意大利语。他戴着墨镜，专心开车。那位帅哥和我们闲聊起来，问我们从哪里来，来意大利多久了。我们没有回答，而是问他们从哪里来，他让我们猜猜看。我们猜的结果让他大笑起来。他说我俩很漂亮，接着开玩笑说："但可能不太聪明？不，不，你俩很聪明。"

　　玛丽第一个注意到有些不对劲儿。"我们要去火车站。"火车站位于市中心，但司机已经把车开上了滨海公路。

　　"这就是去火车站的路。"那位帅哥试图让我们放心。

　　"不，不是。"玛丽坚持说道，"我们要赶火车，我们要回家。"

　　他叹息起来："好吧，对不起。我承认，是我让我的朋友走风景漂亮的滨海公路的，但我们会送你俩去火车站的。你瞧，我们来这里度假，我们发现意大利人非常不友好，但你俩很友好。同是游客，你俩能和我们再聊几分钟吗？希望你们不会感到不快，我们不是坏人。"

　　我开始紧张起来。当玛丽解释说我们寄住的家庭在等我们时，我才注意到玛丽那边的车门没有把手，我这边的也没有。我按下按钮，想放下车窗呼救，但车窗锁住了。我碰了一下玛丽的腿，向她使了眼色。她随着我的目光看到了车门。

　　"该死的，车门把手呢？"

　　绑匪开始解释说，这辆车刚到店里，机修工还没来得及——

　　玛丽打断了他的话："你停车，放我们出去！"

　　他为这个误会道歉，希望我们不要害怕。但我非常害怕，害怕他会对我们做什么，害怕我们激怒他后情况会更糟。

　　然而，玛丽已经勃然大怒。她拍打着前排座位，大声尖叫起来："停车！停车！你停车！你们这些恶魔！"

　　绑匪放下了魅力攻势："闭嘴，你这个疯婆子！"

　　玛丽叫喊着，踢打着，司机用他的语言诅咒着，拐出了滨海公路。玛丽怒不可遏，我对她充满敬畏。司机靠边停车，那个不再绅士的帅哥下车替我们打开车门。"知道吗？你俩是疯子。"

我俩下了车，我像金鱼那样大口大口地吸着冷空气。

在动物训练界有句名言："长嘴的都会咬人。"你千万不要以为，某个动物很小，很可爱，它就不会咬你。我没有意识到我可以对陌生人（哪怕是成年男人）大喊大叫。我从未想过我可以不友好，哪怕是处于恐惧之中。但玛丽是无所畏惧的蜜獾，是老虎，是魔鬼。她教会了我：我也是长嘴的动物。

里普利10岁时，我俩在一家宾馆外面吃早餐。我们所在的就餐区没有其他人。一个男人端着盘子走过来问好，然后评论了一番天气情况。我同意说天气很不错。他试图交谈，我都给出简短的回答，希望他明白这个通用的礼貌信号，赶紧"滚蛋"。

"也许我可以和你俩一起吃。"

"不，谢谢，我们想自己吃。"

他开始坐了下来："别担心，我不是坏人，我只是想和小姑娘聊天。"

我站了起来，伸手做出阻止的姿势，随后提高嗓门说道："你不能和我们坐在一起。我们没有邀请你，我们不想你在这儿。请你离开。"

他骂我是疯婆子，然后离开了。里普利很是吃惊，也印象深刻。现在，她知道她也可以提高嗓门，在她告诉讨厌鬼停止发出哔哔声之前，她的生命不必处于危险之中。

做好人并不意味着你不能保护自己，做保护神也并不意味着你要看上去是天使。

第 **9** 章

影响更多人，影响这个世界

随着你沿着这条道路一步步地成为越来越有影响力的人，在某个时刻，你会发现自己想拥有更大的梦想。你会审视周围的世界，然后问：**如何对我会更好？**

某个想法会冒出来。它可能不会敲锣打鼓吸引你的注意，也不会唠叨你应该如何度过狂放而宝贵的一生。它寂静无声，宛如萤火虫，但你会感觉到那种魔力，并感到惊奇：**是谁？我？**

也许你更大、更好的梦想是创造——只有你能写出来的书，下一个独角兽企业，改变世界的电影。也许你的大梦想是建立某个基金会，打造某个平台或发起某个运动。也许是冒险走出自己的安稳生活，发现让自己感觉活着的东西。也许你的大梦想是解决某个重大的、值得你去解决的问题：实现社会公正，解决气候危机，确保人人都享有清洁水、医疗和教育。也许是探索浩瀚太空或未知的深海大洋。

开始追求这个梦想时，你会面对内在和外在的值得尊敬的对手。你需要可随意使用的各种影响力工具。它会变得一团糟，它也会变得很出色。影响力研究是一门科学，而影响力实践是一种艺术。

你、我、我们

　　我们前进的道路会交错、交织、分岔和重连，但我们会塑造更强大的自我，建立起不断扩展的、充满活力的影响力之网。你已经是这个集体力量的一部分。"influence"（影响力）的词根是拉丁语"influere"，意为"流入"，似河流，似电流。你的影响力由他人流入，又流向他人，然后又从他们流向其他人，源源不断。有时，你会觉察到那些提升了你或帮助你激发伟大想法的人，而有时候你会毫无觉察。有时候，你会觉察到自己的涟漪效应，而有时候你不会。无处不在的小小助力，勇敢而坚定之人的奉献，不是那么坚定之人的善举，机遇和命运，这一切都和我们相连。

　　唤醒这张影响力之网，犹如打开一本"选择冒险之旅"的交互式图书。你可以站出来做英雄，扮演配角和助手，做坚定的同盟，或是放弃机会什么也不做。你也可以随时改变主意，并非所有伟大的想法都适合你。但如果你选择迈步向前，那就要走得更远，做得更好。

　　历史的转折时刻几乎都不只归功于某个英雄，谁也不能穿着披风从天而降或挂在蜘蛛丝上飘然而至，单枪匹马地拯救世界。相反，天使"大军"在传播消息，说："我们要做这个。"或者他们干脆站出来去做。1943年，丹麦人团结起来，使99%的犹太人邻居免遭大屠杀。深夜，他们用小渔船将这些邻居偷运到瑞典，使他们转危为安。2005年，民间志愿团队"卡津海军"团结起来，从卡特里娜飓风（美国有史以来最严重的飓风之一）中拯救了一万名邻居。正如丽贝卡·索尔尼（Rebecca Solnit）在《黑暗中的希望：不为人知的历史、创建未来的可能》（*Hope in the Dark: Untold Histories, Wild Possibilities*）一书中写道："数百位船主拯救了那些困在阁楼，屋顶，被洪水淹没的住房、医院和校舍中的人——单亲母亲、婴儿和老人……他们谁也没说：'我无法拯救所有人。'他们都说：'我可以拯救某个人，这个工作如此有意义，如此重要，我甘愿冒生命危险，无视权威。'他们做到了。"

不是所有的战斗都要靠你去战斗。但我希望，当你选择战斗时，本书讨论的这些影响力工具和理念可以帮助你找到同盟军，从而提升你的成功概率，也使战斗变得更有乐趣。玛格丽特·米德（Margaret Mead）有句名言："永远不要怀疑一小群富有思想、意志坚定的公民可以改变世界。事实上，改变世界的，都是如此。"她这里说的就是影响力。

团结起来，胸怀伟大梦想，我们就可以创造奇迹。我们可以逆转气候变化的方向。我们可以根除让人们世代生活在贫困、疾病和屈辱中的种姓制度。我们可以团结协作找到重大疾病的治疗方法。我们可以共同面对黑暗，战胜恐惧。

你不必改变整个世界，拯救整个世界，但我们每个人都可以为某个人带去改变。你可以为社区提供帮助。你可以游说你的领导者通过政策让员工、师生或市民生活得更好。你可以组织教堂或寺庙的信徒保护和服务那些有需要的人。你可以调停家庭冲突。你可以做一个行为榜样、导师或教师。

如果你觉得本书有帮助，我希望你能将自己学到的东西同他人分享：传授工具，讲述故事，讨论理念。也许，你愿意花一分钟时间告诉我你如何实践影响力。让我感到最满足的，莫过于听到你的充满爱的故事。马努斯和汤姆用曲别针换到汽车，斯坦尼斯拉夫·彼得诺夫说"不"，杰姬制作"奥运五环"甜甜圈，詹妮弗·劳伦斯谈判到更高片酬并与人慷慨分享——这些故事都充满爱。强大或弱小的人都可以说：**也许可以一起做，也许可以做这个**。你如何利用本书，也可以是一个充满爱的故事。我和你不必是孤独的开路者，独自劈柴、建房和修篱笆，我们不必独自去做。我不能代表你讲话，不过我也不想这样做。

寒冷的冬天，我和里普利围着火炉享用美味的热巧克力，但我们最快乐的冬季时刻，是有一天我们所在社区的邮车陷入雪地里，我们赶去帮忙。我们叫住几个行人，很快更多的行人过来帮忙。积雪很厚，邮车轮胎虽不停地转动，却无济于事。附近的邻居拿来铲子和厚纸板。我们十个人团结协作，拼尽全力推车。我们的靴子打滑，有人摔倒在泥泞里，但我们爬起来接着推。最终，我们帮助邮车重新上路。

邮车司机朝车窗外挥手，向我们表示感谢，然后驾车离开，继续递送邮件。我们举手击掌相庆，脸上快乐洋溢。我们团结协作，不是因为浑身又冷又湿地紧张工作很有趣。我们团结协作，是因为我们选择作为一个团队工作，尽管浑身又冷又湿，但是劳动变成了快乐。

成年人一起"玩耍"的方式，通常被叫作"工作"，虽然我们常常不这样看待工作。有时候，我们成功；有时候，我们心碎；有时候，我们激情满怀，时机完美，幸运眷顾，天堂之门为我们打开。我们的影响力种子就像是蒲公英，随风飘散，一直飘到我们目不能及的地方。不管是有意还是无意，我们都在播种，我们都在创造历史。

我们交个朋友吧

为你写这本书，我感到非常开心。如果你喜欢它，我希望你行动起来，去实现自己的伟大想法！我乐意知悉你的进展情况。

如果你想联系我，我们有很多联系方式，可以从我的个人主页开始。那里有免费的，包括基于本书某些内容的真实挑战的大型公开网课，还有其他人关于影响力的实用建议和激励之语的内部通信、全球各地的活动、耶鲁大学研讨课以及其他刚孵化出来的伟大想法和合作项目。

如果你愿意帮助传播这些理念，我将不胜感激！你可以在社交媒体上分享自己如何使梦想成真——哪怕是分享很小的进步。请标注我和#influenceisyoursuperpower，这样我就能祝贺你。如果你能写书评（哪怕是简短书评），我会感到万分惊喜！如果你为你的组织或团队购买本书，我可以帮助你获得折扣。也许你还有其他想法。如果你想邀请我做演讲、咨询、媒体采访或研究合作，请来我的个人主页找我。我很忙，不过，我擅长说"不"。

如果你想写信分享本书对你的帮助，请发送电子邮件至：friends@zoechance.com。

爱你们的佐伊

附：这是里普利（和她不太情愿的男友盖文）。

邀请你讨论这 10 个问题

同生活中的很多事情一样，和他人分享本书，你会更快乐。下面这 10 个问题，你可以和他们讨论。

1. 为什么人际影响力是一种超能力？

2. 在你看来，影响力和操控力有什么不同？

3. 如果你已经尝试过本书的某个新工具，比如"24 小时说'不'挑战"和魔法问题，那使用效果如何？你从中学到了什么？

4. 你喜欢尝试本书中的哪个影响力策略？

5. 在什么情况下，你发现自己很难提出请求或说出主张？谈钱的时候？谈恋爱的时候？和某个特别的人相处的时候？在什么情况下，会发现自己很容易提出请求或说出主张？

6. 拒绝对你意味着什么？你如何为它重新设定框架？

7. 你要求加薪或升职的经历是什么样的？你未来会改变什么样的做法？

8. 你接触过第 8 章讨论的"黑魔法"的情况吗？如果接触过，你会给其他人什么建议？

9. 如果你的影响力比现在更强，你会做什么？

10. 请为实践你从本书或这个交谈中学到的某个影响力策略设定"执行意图"。

注 释

    下述注释，我已经尽量做到详细和准确。我删除了原书稿中的大量实验，因为新的研究数据质疑了那些实验的结果，而我引用的某些实验无疑是无法复制的。当然，未来的研究会帮助我们更好地理解影响力。因此，我会不时地在我的主页更新这些注释。

    1. 这是我在多个国家所做调查的结果。我问参与者，听见"影响力"这个词语，他们会想到哪些词汇？大多数参与者（73%）想到的都是"领导者""力量""帮助"等正面性的词汇。然而，我问他们"影响力战略"和"影响力战术"这两个词语时，大多数参与者（57%、83%）想到的都是"操控""卑鄙""胁迫""阴险""霸道"等负面性的描述词。

    2. 罗伯特·西奥迪尼的《影响力：谈判心理学》（*Influence: The Psychology of Persuasion*，纽约：哈珀商业出版社，2021 年）和克里斯·沃斯、塔尔·拉兹的《强势谈判》（*Never Split the Difference:Negotiating as If Your Life Depended on It*，纽约：哈珀商业出版社，2016 年）这两本书中的某些观点，我不敢苟同，但都是很不错的著作。罗伯特是一位研究人员，做过很多非常著名的影响力研究，写

《影响力：谈判心理学》之前，他还卧底当汽车销售员。克里斯做过美国联邦调查局人质谈判专家。

3. 遗憾的是，博士研究生所犯的最大错误，就是决定上研究生院读博——50% 的人没有毕业，因为读博不是他们预想的那样。参见罗伯特·索维尔、张婷、肯尼思·雷德的《博士生毕业率与耗损率：博士学位基准数据库分析》（*Ph.D. Completion and Attrition:Analysis of Baseline Program Data from the Ph.D. Completion Project*，美国研究生院理事会，2008 年）。

4. 如果行为经济学有"经典"，那这部著作就是丹尼尔·卡尼曼的《思考，快与慢》（*Thinking,Fast and Slow*，纽约：法勒、施特劳斯和吉鲁出版社，2011 年）。如果你喜欢阅读新闻体，那《魔球理论》一书的作者创作的这部著作就非常不错：迈克尔·刘易斯的《思维的发现：改变我们思维的友谊》（*The Undoing Project:A Friendship That Changed Our Minds*，纽约：诺顿出版社，2017 年）。如果你想更深入地思考"系统 1"和"系统 2"的最新理论，可以阅读有关论文。基思·斯坦诺维奇和理查德·韦斯特是最先提出"系统 1"和"系统 2"框架的研究人员，并据此发展出了其他的双重过程理论，参见乔纳森·伊文思、基思·斯坦诺维奇的《高级认知双重过程理论的再商榷》［*Dual-Process Theories of Higher Cognition:Advancing the Debate*，《心理科学展望》（*Perspectives on Psychological Science*），2013 年第 3 期，第 223-241 页］。

5. 这项研究一直是行为科学研究者们探讨和争论的话题。其报告的结果比人们复制该研究所预计看到的结果更具戏剧性，不过，当研究人员质疑并重新分析时，其模式并没有变化。（如果你熟悉行为科学，你就应该清楚：发布的实验结果夸大两个变量之间普遍而真实的关系，这种情况并不鲜见。事实上，这是常态。）

6. 更令人惊奇的是，儿童的判断也同样准确。瑞士儿童观看成对展示的脸并选择他们更喜欢谁当船主，其选择结果对法国议会决选结果的预测准确率达 71%。准确性与年龄无关。

7. "鳄鱼型"决策者对自己的决策更满意，觉得它们反映了真实的自我。他们更愿意维护这些决定。

8. 出自约翰·科茨《犬狼之间的时刻：冒险如何改变我们的身心》（*The Hour Between Dog and Wolf: How Risk Taking Transforms Us,Body and Mind*，纽约：企鹅

出版社，2012 年）。本书是讨论风险、压力与决策的精彩的神经生物学著作。

9. 出自史蒂芬·马克尼克、苏珊娜·马丁内斯 - 孔德、桑德拉·布莱克斯利的《思维骗术：魔术背后的神经学》（*Sleights of Mind: What the Neuroscience of Magic Reveals About Our Everyday Deceptions*，纽约：亨利霍尔特出版社，2010 年）。本书其实是讨论魔术戏法的神经学著作。

10. 你也可以找到其他动物的像素图像。"像素化种群数量"的原创概念由日本博报堂广告公司的三神由纪、星野奈美、望月和弘为世界野生动物基金会设计。

11. 有关"每日 5 份果蔬运动"失败结局的详细描述（以及最权威的习惯科学），请参见温迪·伍德的《好习惯、坏习惯：坚持积极改变的科学》（*Good Habits, Bad Habits: The Science of Making Positive Changes That Stick*，纽约：法勒、施特劳斯和吉鲁出版社，2019 年）。

12. 这本讨论孩子养育研究的著作非常有趣，我把它作为礼物送给了好多位家里有小孩的朋友。麦克马斯特大学的早期研究，见海伦·托马斯的论文《儿童与青少年肥胖病预防计划：结果为何如此不理想？》[*Obesity Prevention Programs for Children and Youth: Why Are Their Results So Modest?*，《健康教育研究》（*Health Education Research*），2006 年第 6 期，第 783-795 页]。

13. 直到 1998 年，斯坦尼斯拉夫·彼得诺夫的上司尤里·沃京采夫在其回忆录中披露这一历史事件，它才为公众所知。据彼得诺夫说，沃京采夫"既没有赞赏也没有训斥"他的这一行为，不过，他于次年提前退役了。2013 年，他被授予"德累斯顿和平奖"，于 2017 年去世。我很喜欢下面这部关于他的获奖纪录片：彼得·安东尼（导演）的《那个拯救世界的男人》（*The Man Who Saved the World*，斯塔特蒙电影公司出品，2014 年）。

14. 关于压力和损耗的社会影响的书，最吸引人的莫过于这本：塞德希尔·穆来纳森、埃尔德·莎菲尔的《稀缺：我们是如何陷入贫穷与忙碌的》（*Scarcity: Why Having Too Little Means So Much*，纽约：亨利霍尔特出版社，2013 年）。

15. 你可以观看这个暖心的视频：蒋甲，《拒绝疗法第 3 天——请求奥运五环标志甜甜圈》（*Rejection Therapy Day 3—Ask for Olympic Symbol Doughnuts*，2012 年）。关于他碰到的更多拒绝，请阅读蒋甲《被拒绝的勇气》（*Rejection Proof: How I Beat Fear and Became Invincible Through 100 Days of Rejection*，纽约：和谐出版社，

2015 年）。

16. 出自约翰·科茨《犬狼之间的时刻：冒险如何改变我们的身心》（*The Hour Between Dog and Wolf: How Risk Taking Transforms Us, Body and Mind*，纽约：企鹅出版社，2012 年）。请参阅第 8 章。科茨还描述了对老鼠的复原力的研究以及对"坚韧之人"的研究。

17. 这个数字是很多销售培训师和销售经理告诉我的。我想尽办法寻找学术性的或值得信赖的参考资源，但没有找到——如果你有这样的资源，请告知我。

18. 说出请求对募捐和慈善活动的重要性，怎么估计都不为过。例如，遗产律师只是问他们的客户是否愿意为慈善事业遗赠一笔钱，结果慈善遗赠的钱数翻倍，有时甚至是 3 倍。

19. 出自道格拉斯·肯里克、诺亚·戈登斯坦、桑福德·布拉韦尔的《六度社交影响力：理论、时间及罗伯特·西奥迪尼心理学》（*Six Degrees of Social Influence: Science, Application, and the Psychology of Robert Cialdini*，纽约：牛津大学出版社，2012 年，第 14-26 页）。瓦内萨·博恩斯还对有关请求与帮助的错误感知以及对我们自己的影响力的错误感知做出大量的有趣研究，请参见瓦内萨·博恩斯《你比你想的更有影响力》（*You Have More Influence Than You Think*，纽约：诺顿出版社，2021 年）。

20. 你当然不会向同一个人反复提出大胆的请求，这一点你是清楚的。

21. 如果你不喜欢阅读有关代词的整本书，可以看看彭尼贝克的研究综述。权力和地位的影响同具体的语境密切相关。例如，一些研究人员发现：人们在在线留言板社区发帖越少——因而在社区里的地位和地位感越低——使用代词"我"的频率就越高。第一人称代词不是表明地位低的唯一语言"标记"——另一个"标记"是使用行话。学术圈子里电子邮件签名使用"博士"（"Dr."或"PhD"）也是地位低的"标记"。

22. 即使处于睡眠状态，你的大脑也会对你的名字做出独特的反应。

23. 记者罗伯特·斯泰恩描述了他所见到的"两个梦露"：安静、腼腆甚至不漂亮的幕后"玛丽莲·梦露"，以及公共场合中的性格女神"玛丽莲·梦露"。"靠近看，她的脸显得苍白、憔悴，毫无艳丽光彩，眼里毫无银幕上散发出来的那种自信。"在地铁上，谁也没认出她来，但回到大街上，她"脱掉外套，把头发弄蓬松，弓着背摆出姿势，立刻就被人群淹没。人群推搡着，尖叫着，几分钟后她才得以脱身，才得以摆脱越来越多的人群"。奥利维亚·福克斯·卡贝恩也讲述了这个故事以及其他精彩的故事。参见奥利维亚·福克斯·卡贝恩《魅力神话：如何掌握个人磁场的科学与艺术》（*The Charisma Myth:How Anyone Can Master the Art and Science of Personal Magnetism*，纽约：波特佛里奥/企鹅出版社，2013年）。

24. 人们对公众演讲的恐惧甚于对死亡的恐惧——这个"事实"被广为引用，但显然不是真的。有些研究请人们从清单中叉掉他们恐惧的事情，结果发现：人们叉掉最多的是"公众演讲"。但我们通常不会恐惧，除非我们正在面对（因而公众演讲出现的频率高过死亡、鲨鱼等等）。这样的恐惧清单忽略了我们真正的、最深的恐惧，比如没价值、不被爱。没错，大多数人对公众演讲会感到某种焦虑或痛苦，但公众演讲比死亡更令人恐惧这一"事实"只不过是糟糕调查设计的结果。一项针对著名职业演员（包括百老汇明星和"托尼奖"被提名人）的调查研究中，84%的演员都说他们会怯场。我做过职业演员，现在是专业演讲人，但我也会怯场。

25. 我以前知道停顿的重要性，但不知道它有多重要，直到杰里米·多诺万作为客座讲师和演讲教练来到了我的课堂。读过他的著作后，我作为粉丝给他写了一封信，于是，他来给我们做教练，主要辅导停顿技巧，给我们带来了巨大的变化。参见杰里米·多诺万《TED演讲的秘密》（*How to Deliver a TED Talk:Secrets of the World's Most Inspiring Presentations*，纽约：麦格劳-希尔教育出版社，2013年）。

26. "关键时机"这个概念通常被归功于宝洁公司，但首次在影响力语境下提出这个术语的，其实是北欧航空公司原CEO詹·卡尔松。参见詹·卡尔松的《关键时机》（*Moments of Truth*，纽约：哈珀出版社，1989年）。

27. 这个天才级别的、获过大奖的"雨中密码"营销活动的策划者是经纬行动广告公司（Geometry Global）的肯尼·博恩斯、保罗·何、肖恩·陈和保罗·沈。

28. 这个天才级别的、获过大奖的营销活动的策划者是李奥贝纳广告公司的马塞洛·雷斯、吉列尔梅·雅哈拉、罗德里戈·亚特勒、马塞洛·里泽里奥和克里斯蒂安·方塔纳。该营销活动仅用6个"脸书"发文，社交媒体的受众就多达1.72亿，媒体收入达2200万美元。其成本仅为6000美元，却成为世界历史上最成功的广告投资之一。（沙恩，谢谢你的分享。）影响人们捐献器官的最大决定因素依然是便捷性。各国器官捐献率的差距几乎都可以用便捷性解释:"选择加入"制度与"选择退出"制度。勾选方框选择加入或退出,这很容易——就和不勾选方框一样容易。

29. 这个大胆广告的策划者是南非洛威公牛广告公司的马修·布尔、罗杰·鲍尔斯、米勒斯·罗德、杰森·坎本。

30. 是真的。达伦·布朗不只是获奖表演者,还是畅销书作家,创作了不少关于心理学、魔术和幸福的好玩又睿智的书籍。在课堂上,我们从阅读他的《思想的诡计》中了解到了妄心假意,从观看他的《就范》中了解到影响力黑魔法。如果你是心理学迷,那你肯定喜欢他在《抢劫》中复制的米尔格拉姆实验。(不过,我最喜欢的还是他的《世界末日》。他告诉我他最喜欢的也是这个表演。)参见达伦·布朗的《心灵诡计》(*Tricks of the Mind*,伦敦:环球出版社,2006 年)。

31. 你可以找到网络视频,然后和朋友一起做实验,你会让他们惊讶不已。

32. 如果你还不太熟悉伦茨,你肯定会惊讶于他在很多问题上对美国政策的影响力。写作本书期间,我和美国疾病预防控制中心前主任汤姆·弗里登合作,寻找一个框架促使那些不愿注射疫苗的特朗普支持者接种新冠疫苗。(最有效的信息是:"超过 90% 的注射新冠疫苗的医生都已经完成接种。")参见弗兰克·伦茨《语言的作用:不是你说什么,而是人们听见什么》(*Words That Work:It's Not What You Say,It's What People Hear*,纽约:阿歇特图书出版公司,2008 年)。

33. 神经技术公司"火花神经"公司(Spark Neuro)的研究人员测试了"气候危机"、"环境破坏"(共和党人对这个术语的情绪反应高于"气候危机")、"环境崩溃"和"天气不稳定"。

34. 罗伯特·西奥迪尼在他的《影响力》续篇中分享了这个故事,续篇是一部非常棒的著作。

35. 精彩的前景理论论文原文参见:丹尼尔·卡尼曼、阿莫斯·特沃斯基,《前景理论:风险决策分析》[*Prospect Theory: An Analysis of Decision Under Risk*,《经济计量学》(*Econometrica*),1979 年第 2 期,第 263-292 页]。通过统计 150 篇论文里的 600 项跨学科研究的数据,下面这些作者发现损失厌恶系数值介于 1.8 ~ 2.1 之间。参见:亚历山大·布朗、今井大介、费尔迪南·维埃德、科林·凯莫勒,《关于损失厌恶实证估算的元分析》(*Metaanalysis of Empirical Estimates of Loss-Aversion*,

德国经济信息研究会工作论文，2021 年第 8848 号）。在本书写作期间，人们对现实世界中损失厌恶的普遍程度也存在争议。参见：大卫·加尔、大卫·拉克的《损失厌恶理论的失败：失大于得？》[*The Loss of Loss Aversion: Will It Loom Larger Than Its Gain?*，《消费心理学期刊》(*Journal of Consumer Psychology*)，2018 年第 3 期，第 497-516 页]。

36. 在这项研究中，只有男孩表现出逆反效应。有些研究发现了性别差异，有些研究则没有。年龄差异也会产生影响，有些人会比其他人更逆反。下面这篇论文对逆反理论的诸多著作进行了综述：安卡·迈伦、杰克·布雷姆的《逆反理论：40 年之后》[*Reactance Theory—40 Years Later*，《社会心理学杂志》(*Zeitschrift für Sozialpsychologie*)，2006 年第 1 期，第 9-18 页]。"难得到"的人也更有吸引力（你懂的）。此外，被禁止的东西更能被记住，更快被识别。

37. 有时候，人们对某个问题反应强烈，就会采取更极端的观点，从而传达出冲突的信息——"逆火效应"。首次提出时，这种效应吸引了很多媒体关注，人们以为它很普遍，现在我们知道它并不普遍。

38. 我向美国联邦调查局前人质谈判专家克里斯·沃斯学到了这一种做法。他还影响我要少问"为什么"，多问"怎么"和"是什么"。在课堂上，我们拼命练习深夜调频 DJ 说话的声音。参见克里斯·沃斯、塔尔·拉兹的《强势谈判》(*Never Split the Difference:Negotiating as If Your Life Depended on It*，纽约：哈珀商业出版社，2016 年)。

39. 这项研究由叶列特·格尼兹、斯蒂芬·斯皮勒和丹·艾瑞里共同完成，研究报告发表为《怪诞行为学》。我的学生们做过类似的实验，想送人一张 5 美元的纸币，结果发现：约一半的人都拒绝拿这个钱。参见丹·艾瑞里的《怪诞行为学》(*Predictably Irrational:The Hidden Forces That Shape Our Decisions*，纽约哈珀柯林斯出版社，2009 年)。

40. 这个简单的理念可以改变游戏规则。我是向迈克·潘塔隆了解到这个理念的，他是耶鲁大学急诊室的一位心理学家，只用几分钟就可影响人们去做戒瘾等非常困难的事情。他的著作《瞬间影响力：如何迅速让任何人做任何事》(*Instant Influence:How to Get Anyone to Do Anything—Fast*，纽约：利特尔 - 布朗出版社，2011 年)非常棒。迈克的这部著作是基于动机性访谈——通过提问劝说人们做出生活上的改变。参见威廉·R·米勒、斯蒂芬·罗尔尼克的《动机性访谈》（*Motivational Interviewing:Helping People Change*，纽约：吉尔福德出版社，2012 年）。

41. 她的这篇论文，是我找到的"温驯的雷龙"的唯一出处。这个框架提倡温和地锲而不舍，因此，我很喜欢，我的学生们也喜欢。参见杰西卡·温特的《温驯的雷龙》[*The Kindly Brontosaurus*，《石板杂志》（*Slate*），2013 年 8 月 14 日]。

42. "错误极化偏误"源于"鳄鱼"短路：一旦我们将头脑中的东西分类整理，我们就会放大它们之间的差异。正如这些作者指出的，即使将紫色分类为"红紫"和"蓝紫"，也会使它们之间的差异看上去比实际差异大。该图引用自论文：萨曼莎·穆尔-伯格、李-奥尔·安考瑞·卡林斯基、博阿兹·哈梅里、艾米尔·布鲁诺的《夸大的元认知预测美国政治党派之间的群内敌视》[*Exaggerated Meta-Perceptions Predict Intergroup Hostility Between American Political Partisans*，《美国国家科学院学报》（*Proceedings of the National Academy of Sciences*），2020 年第 26 期，第 14864-14872 页]。也存在"错误共识偏误"：我们想象和我们相像或是我们喜欢的人，会同意我们，而其实他们并不是太同意。

43. 参见尤德金、霍金斯、狄克森的《认知鸿沟：错误印象如何让美国人分裂》（*The Perception Gap:How False Impressions Are Pulling Americans Apart*，白皮书，2019 年 6 月）。关于气候问题，请参见艾迪娜·埃伯利斯、劳伦·豪、乔恩·克罗斯尼克、波·麦金尼斯的《全球变暖的舆论认知与舆论偏差的作用》[*Perception of Public Opinion on Global Warming and the Role of Opinion Deviance*，《环境心理学杂志》（*Journal of Environmental Psychology*），2019 年第 63 期，第 118-129 页]。媒体报道也是产生这个问题的一个原因。另外，社交媒体也是其中的一大原因，因为带有愤怒、憎恶等道德情绪内容的信息会更吸引"鳄鱼"的注意力，代入感更强。

44. 你可以通过下面这个链接测试自己的认知鸿沟：https://perceptiongap.us。

45. 想起你和某人有共同之处——哪怕有些武断——你也会感觉和他更亲近。

46. 埃森哲公司这项调查的更多信息是：25% 的人说他们得到的钱超过预期，另外 38% 的人说他们得到的加薪超过预期，17% 的人得到加薪但没有期望中的多，5% 的人没有得到加薪但获得了其他形式的激励，只有 15% 的人一无所获。

47. 先慷慨给予，可以鼓励对方互惠的慷慨。在跨部门谈判中，友好的人会得到更好的谈判结果。同电脑代理人谈判，人们会感到更满意，更愿意向朋友推荐，更愿再次谈判。但友好并非总能赢，这里有一个反面例子。在这项研究中，"友好"被证明是自我中心、次要和不确定的，而"强硬"被证明是重要的。因此，真实情况要复杂得多。

48. 综合分析五十一项研究发现，性别差异大都可归结为训练差异。在赞比亚，谈判训练介入帮助中学女生同她们的父母谈判，提升了她们的入学率。信息介入和女性赋能介入均没有任何效果。

49. 我非常喜欢波·布朗森和阿什利·梅里曼在《输赢心理学》（*Top Dog*，纽约：阿歇特图书出版集团，2014 年）一书中对压力生物学，以及压力和竞争的性别差异的讨论。请参见该书第 4 章和第 5 章。

50. 关于这个讨论，请参见塔拉·莫尔《大格局：找到你的声音、使命和信息》（*Playing Big: Find Your Voice, Your Mission, Your Message*，纽约：艾弗里出版社，2015 年）一书第 5 章（不过我从每章中都学到了有用的东西）。

51. 由于琳达·巴布科克的这部著作，更多的女性开始谈判，在谈判中提出更多要求。这种差距已经缩小，但依然存在。

52. 吉宁·罗斯的这本书讲述的是她从这些经历中学到的精神教训。我无法想象如何能从这些经历中找到感激。

53. 如果你想更多地了解骗子和骗术，可以读读玛丽亚·康尼科娃《我们为什么会受骗》（*The Confidence Game: Why We Fall for It…Every Time*，纽约：企鹅出版社，2016 年）这部研究细致、饶有趣味的著作。

54. 有个骗子说得很直白："愚蠢的人没有 5 万美元让我骗。"参见道格·沙德尔《智胜骗子：如何远离精心骗局》（*Outsmarting the Scam Artists: How to Protect Yourself from the Most Clever Cons*，霍博肯：威利出版社，2012 年），卡拉·帕克、道格·沙德尔《AARP 基金会全美诈骗受害者研究》（*AARP Foundation National Fraud Victim Study*，华盛顿：AARP 基金会，2011 年）。

55. 保罗·艾克曼在下面这本书中收集了有关测谎的各种研究：保罗·艾克曼《说谎：揭穿商业、政治和婚姻中的骗局》（*Telling Lies: Clues to Deceit in the Marketplace, Politics, and Marriage*，纽约：诺顿出版社，2009 年）。警察的表现比大学生更糟糕，是因为他们认为几乎人人都撒谎。

56. 研究人员发现：在资源稀缺的情况下，与主观价值相关的脑区（眶额皮质）活跃度增加，与高阶目标和计划相关的脑区（背外侧前额叶皮质）活跃度降低。由于这些偏误——过度看重眼前机会，对未来的思考不够——参与者愿意花更多的钱购买消费品。

57. 世界上最昂贵的咖啡其实是"黑色象牙咖啡"。你能猜到它是用什么制成的吗？没错，是大象粪便。但全球市场每年只有 400 磅的产量。

58. "正向思维"产业中的恶毒与贪婪可能超乎你的想象。（这个故事讲的不是艾伦瑞克的妹妹，她引用的是别人的故事。）

59. 出自加文·德·贝克尔的《保护上苍的礼物：保护儿童与青少年安全》（*Protecting the Gift:Keeping Children and Teenagers Safe*，纽约：戴尔出版公司，2013 年）一书。本书将改变你的行为。我们在课堂上角色扮演了该书第 4 章中的绑架情形。

致　谢

本书是整个英雄团队的结晶，每位英雄都贡献了自己独特的能力。

感谢我们的写作和编辑团队。我们致力于全力以赴把本书做到最好——我们做到了。我们以为本书接近完美时，发现它还不够好，于是又从头再来。我们本来会崩溃，但我们激发出了彼此的长处。感谢希拉里·雷德蒙，你的领导风格体现了本书所传达的信息。你亲切地将我们推向更高的标准，为我们制造了时间错位，在兰登书屋公司营造热情氛围，周末像外科医生般地参与本书的"手术"工作，细心地切除，精心地缝合。你是作者所梦想的编辑。感谢"催稿专家"安·玛丽·希利，你是我见过的唯一的英勇无畏的作家。你无条件的爱使得写作项目组团结一致，尽管周围的世界都在崩塌。我所说的"爱"，不只是你灿烂的笑容，还有你所做的工作，包括家庭教育、搬家、料理亲人离世、带家人度假。你早就超越了"卓越"，向你致敬！我们的"奇才"彼得·古扎尔迪，你能看出混沌中的秩序，发现黑暗中的亮点，理清混乱的思绪，提出刁钻的问题，用魔法布擦亮我们的书稿。出于爱，你长时间地勤奋工作，你给了我作为作者能得到的最精美的礼物：你教会我如何真正地写作。

我要感谢艾莉森·麦克基恩和塞莱斯特·法恩，你们是"救星"代理人，同我合作多年，让每个人都如此兴奋，我甚至都觉得自己患上了"冒牌者综合征"。你们帮助我明白我真正应该写些什么，帮助我将计划书变得出彩，而且从未停止过帮助。（那些魔法数字和钻戒糖果的确发挥了神奇的作用。）你们改变了我的生活。

我要感谢我杰出的研究和事实核查团队：萨拉·郑、苏菲·卡尔多、安娜·维多利亚·吉尔。你们不辞辛劳地挖掘和发现新的"宝石"，去伪存真，才使本书拥有了稳固的科学基础。你们已经在改变这个世界——萨拉，你让新西兰的可持续发展政策包含了土著的声音；苏菲，你为极端主义心理学开拓了新的研究领域；安娜，你用公共话语影响了哥斯达黎加高等法院。你们激励了每一个人，当然也激励了我。我期待读到你们的作品。

感谢罗德里戈·科拉尔设计了本书的封面。我喜欢你的设计。

我要感谢为本书贡献才华的建议者和合作者。谢谢你们！感谢凯瑟琳·麦卡恩同我讨论后来发展为第 8 章的"黑暗影响力"理念。感谢德迪·费尔曼对计划书提供了大量的编辑指导。感谢伊蒙·多兰和我一起短暂而有意义的合作，改变了我对"精细"的看法。感谢瑞恩·霍利迪将我从写作一本巨著的想法中拯救出来，因为你，我选择从头开始。感谢沙恩·弗雷德里克仔细审查第 2 章的科学内容，帮助我从此在本书和生活中都对科学坚持高标准。

感谢安吉拉·达克沃斯、阿尔特·马克曼、阿什利·梅里曼、查尔斯·杜希格、迈克·诺顿和尼克·克里斯塔基斯——我尽我所能地采纳了你们的建议。感谢乔·卡瓦纳给我提供了宝贵建议，帮助本书起飞。感谢舍冯·希克斯，我现在还喜欢你的"水枪"概念。感谢 BLING 作家同行给我的智慧、友谊和前进的动力。感谢我的"智囊团队"——赖文斌、艾米丽·戈登、梅森·拉比诺维茨、尼提娅·卡努里、斯莱特·巴拉德，感谢你们对我的观点提供了宝贵的想法。

感谢创立了这些值得传播的理念的影响力专业人士，以及正在为之努力的所有人。我要感谢尼科尔·杜威、瑞秋·洛基奇、瑞秋·帕克、梅兰妮·德纳多，感谢你们利用自己的影响力和热情宣传我们这个计划。我要感谢阿耶莱特·格鲁斯佩希特、伊玛尼·格莱、芭芭拉·菲利翁，感谢你们的明智建议和商业头脑，教会我如何做图书营销。感谢兰登书屋的销售团队将本书交到读者的手中。感谢汤姆·佩里给了我战略建议、祝福，以及为我提供了行为榜样。感谢"Fun 团队"热情地帮助传播本书。

感谢国际特别代理团队，你们将本书带到了如此众多的国度。我要感谢丹尼斯·克罗宁、唐娜·杜夫格拉斯、杰西卡·卡西曼、乔艾尔·迪厄、罗里·斯卡夫、托比·恩斯特，感谢你们创造了奇迹。感谢苏珊娜·阿博特和其他国际出版商，你们的各种高期望，让我感到害怕，同时激励我努力做到最好。我要感谢耶鲁大学公开课团队——贝琳达·普拉特、萨拉·埃平格、托姆·斯泰林斯基、里克·莱昂内，感谢你们通过全球性的网络课程赋予这些理念以生命，同你们共事，真是天赐的礼物。

感谢睿智又温和的写作教练斯蒂芬妮·邓森教会我如何"修整花

园"。感谢其他的写作朋友，是你们将写作变成了乐趣：艾米·丹内穆勒、安·玛丽·希利（再次感谢）、阿什利·梅里曼（再次感谢）、克里斯塔·多兰、克里斯蒂娜·赫梅莱夫斯基、戴维·钱斯、戴维·泰特、多依娜·穆兰、约翰·冈萨雷斯、凯尔·詹森、玛果·斯坦纳、玛丽安·潘塔隆、娜塔莉·马、特蕾莎·查欣。感谢雪松赫斯特咖啡馆的特里和汤姆为我们提供了私人工作空间和美味的咖啡。

感谢杰得利·布拉迪克斯、坦吉拉·米切尔、埃琳·怀恩提供的额外帮助。感谢穆列尔·乔根森和路易斯·克拉佐不辞辛劳的文字审稿工作。

我要感谢我的学生们、助教们以及"影响力与说服力"的课程助教，感谢你们和我一起讨论这些理念，我从你们身上学到的更多。感谢非凡的运营经理斯蒂芬·迪奥纳。

感谢所有的巨人，你们的著作启迪我写作本书。没有你们，本书就不会问世。

有些人没有直接参与这个写作计划，但给了它深远的影响，我对你们也心存感激。

感谢那些照顾我生活、让我安心写作的人：卡伦·钱斯、老妈、精神导师、密友、离异的孩子父亲——有了你们，这一切才成为可能。我们关于本书的交谈，全都在这儿。我要感谢我的教练、"拉拉队长"、导师和老朋友曼迪·基恩，因为有你，我才拥有了如此多的幸福和成功。"魔法问题"只是开始。感谢希奥玛拉·赛加扎，你从混乱中创造秩序，为我展示了什么是信仰。

对帮助我传播本书理念的每一个人，我都心存感激。感谢"斯特恩演讲"团队对我的信任。感谢耶鲁大学管理学院的沟通团队成为本书的早期读者，并将我的课程分享给世界。感谢那些激励我大胆梦想、开心玩耍的导师——鲍伯·戈夫、丹·艾瑞里、杰夫·阿奇、金·本斯顿、马克·杨、迈克·诺顿（再次感谢）、罗伯·谢尔曼，我会传递下去的。感谢凯蒂·奥伦斯坦以及开放教育项目，我永远感激"公众之声"协会帮助我找到了自己的声音。

我要感谢安德鲁·梅特里克、艾迪·平科尔、加尔·祖贝尔曼、吉姆·巴伦、纳森·诺维斯基、莱维·多尔、特德·施耐德，正是你们帮助我找到了工作使命，我才写出了本书并将继续从事我热爱的工作。

我要感谢我所有的家人和朋友，是你们教会我善良、有影响力。感谢克里斯蒂、杰斯、珍、莫莉、塔莉、塔鲁拉和特蕾莎（再次感谢）让我坚持前行、开怀大笑。感谢老爸、杰伊、米卡和沙恩（再次感谢）给予我永远的爱和支持。露露，走到多重宇宙的尽头就回来！阿米拉，我第一次见到你就希望做你的继母。贝尔阿贝斯，我的首席顾问、大梦想家，我的真爱，我愿意嫁给你一百万次。

亲爱的读者，感谢你们接触这些理念。如果它们帮助你提升了影响力，或者使你帮助他人前行，那我们"爱的劳苦"就没有白费。

影响力策略与工具索引